JN163799

『星座別・運を呼び込む幸せレシピ』
訂正とお詫び

本書内に誤りがございましたので、
下記の通り、訂正してお詫び申し上げます。

P113　ルミナ山下プロデュースのアイテム紹介
オーガニックエキストラバージンオリーブオイル
「エレオン」from Crete

×誤
[左] 250ml　2,500 円＋税
[右] 500ml　2,500 円＋税

○正
[左] 250ml　料金未定
[右] 500ml　料金未定

星座別

運を呼び込む幸せレシピ

ルミナ山下 × いとうゆき
Soul Messenger　Food Instructor

Introduction
はじめに

誰もが知っている「星座」

その星座が、あなたが生まれた瞬間から天体の動きに伴って、
あなた自身のエネルギーをつかさどっているとしたら?

“星座を知ることは、あなた自身を知ること” なのです。

この本は、あなただけの太陽・月・金星、3つの星座から
仕事や体調管理、恋愛 etc、求めるシーンに応じて
それぞれに合った星座エネルギーを高めるヒントを詰め込みました。

ときには気になるあの人のエネルギーを調べてみたり、
他の星座のエネルギーを意識してとり入れてみたり、
今無性に食べたい物から、体が求めているエネルギーを導き出したり。

宇宙のように、無限大の楽しみ方が生まれる内容となっています。

この本が、宇宙と星座のエネルギーを感じるきっかけとなり
あなたの人生を豊かにするツールとなれば幸いです。

——— Lumina Yamashita

星座が持つ「感情」や「喜び」
つかさどる「体の部位」
そして、そのエネルギーを高める「食べ物」

ルミナさんからこれらの星座の特徴をおしえていただき、
“食べ物で解決できることがある”と思いました。

マクロビオティックの陰陽五行とローフードの酵素栄養学。
そして、5大栄養素をベースとした現代栄養学と機能性食品。
私が専門とする食養学を全て合わせて
太陽・月・金星の3つの星座にアプローチする48レシピを考案しました。

お料理は日々のもの。
この本のレシピは、むずかしく考えずに、簡単なプロセスで、
食べ物のパワーを最大限活かせるものにしました。

つまずいてしまうとき。
パワーアップしたいとき。
自分を見つめ直したいとき。

毎日をエンジョイするために、この星座レシピを活用していただけると嬉しいです。

——————— Yuki Itoh

Contents
目次

Lumina Story

ルミナストーリー

星と食べ物

“宇宙に広がる星”と“食べ物”が関係しているとは、多くの人は考えないでしょう。
でも、私たち人間が「小宇宙」であるという考え方は、
多くの人が耳にしたことがあるのではないでしょうか。

――自然の恵みの食べ物を食べることは、宇宙を食べること。

え？ どういうこと？ と思われるかもしれませんね。
自然の恵みの中で育った野菜や穀物は、
宇宙のエネルギーをたっぷり浴びて育っています。
大地に育まれる野菜たちは、
お日様の光を浴びて、雨や風を受けて育ちます。
それだけではありません。
夜は月の光と星たちの光の中で、宇宙のエネルギーをたっぷり浴びているのです。
つまり私たちは、
野菜たちの中に満ち溢れている
「宇宙エネルギー」を食べているのです。

ルミナの食べ物体験

私は、20代後半から肌や体調の不調を感じ始め、
ある時から、動物の肉や牛乳のにおいがとても気になるようになりました。
肉に触れると肌が赤くかゆくなったり、牛乳を飲むと具合が悪くなるようになったり。
それまで食べていた肉や牛乳を食べられなくなり、
自然に玄米菜食に移行していきました。
やがて、白砂糖を口にするときも違和感を感じるようになり、
違和感のあるものを、自然と摂らないようになっていきました。

そんな菜食生活を送っていたとき、
モンゴル・ゴビ砂漠の遊牧民の家へホームステイしたことがありました。

モンゴルには、"美食"という概念がありません。
羊ややぎ、馬の肉と少しの野菜、小麦粉を使った食事でした。
日本ではしばらく肉を食べていなかったのですが、
モンゴルでは不思議と肉のにおいが気にならず、食べてみることにしました。
すると、まったく不調が表れることなく食べることができたのです。
臭みがないことに、とても驚きました。

モンゴルの動物たちは、大自然の中で育っています。
大自然の中に生えているものしか食べていません。
ひょっとすると、そんなことも関係あるのかもしれないな、と思いました。

モンゴルでは、毎日の食事が肉と少しの野菜。味つけは塩だけで、1日5品目程度。
モンゴルの人たちは、毎日その程度の食事でも元気よく肌がツヤツヤしていました。
85歳のおばあちゃんも元気でした。
そのとき、私たち人間には、暮らしている土地に必要な食べ物が与えられていて、
無理にたくさんの食べ物を食べる必要はないのだと感じました。

私は、生まれも育ちも信州の自然豊かな場所でした。
日本での生活を思い浮かべると、春になれば山菜、夏場は野菜、冬は鹿の肉。
自分の暮らしている土地で、採れたものをその時々食べていくことで、
自然に体が調整されていくのだと思いました。

モンゴルに訪れた季節は、－30℃の冬でした。
肉を食べる必要があったから、食べることができたのでしょう。
肉を食べることは、“生きることそのもの”だったのです。
モンゴルでの遊牧民との生活は、
“何もないけど、全てがある”ということを体験することができた旅でした。

モンゴルから帰ってきても、菜食生活は続きました。
日本では、自然と野菜が食べたくなるのです。
そして、やはり日本では肉のにおいがきつくて食べる気になりません。
菜食生活を続けていると、肌の調子や体調がどんどんよくなっていきました。

そのうち、あるときから宇宙を身近に感じるようになり、
天空にマンダラを見るようになりました。
その働きを観察していると、
その動きが天体の星の動きや占星術上の星の動きと一致していることや、
月の満ち欠けとシンクロしていたことから、
占星術やマヤ暦、暦などと合わせて研究してきました。

日々私たちは、宇宙の様々なエネルギーの影響を受けて生きていることを
確信しています。

満月と新月の水に出会う

「“特別なお水”を使って、レトルトカレーを作りませんか?」
月よみ・星よみの世界に足を踏み入れた私のもとに、あるときこんなお話がきました。

私は2011年から、とあるカレー屋さんの
完全無添加でケミカル(化学的)なものを一切使用しない
グルテンフリーのレトルトカレーを作るプロジェクトに参加していました。
ケミカルなものを使わずにレトルト食品を作ることはなかなか難しく、
試行錯誤を繰り返し、長い時間とエネルギーをかけて作られたカレーが、
ほぼ完成に近づいたときのお話です。

満月と新月に汲み上げた水に、
通常の水の倍以上の透過性があると科学的エビデンスが取れたということで
「この水をカレーに使ってみてください」というご連絡でした。
それ以降、満月に採水した水と新月に採水した水を毎月味見するようになり、
新月、満月で味が違うことはもちろん、毎月味が違うことを発見しました。
そしてその水で作ったカレーは、水だけが違うにもかかわらず、
明らかに味が違うカレーになったのです。
そうして「新月のカレー」と「満月のカレー」が誕生しました。

次に、マクロビオティックの第一人者である
料理研究家nakamle(なかみえ)さんとのご縁ができ、
「満月のお塩」のコラボレーションが生まれました。
こちらも毎月、満月の満潮時に海水を汲み上げて作っていただいているのですが、
やはり、毎月味が違うことがわかりました。

満月や新月の水や海水は地球潮汐力の影響を受けますから、
水の透過率が変わるように、影響があることは否定できないのではないかと思います。

“毎月味が変わる”ということの科学的な根拠はありませんが、
私は毎月、その満月を迎える星座のエネルギーが入っているのではないかと考えています。
宇宙に生きていることを思えば、これも自然に感じます。

その後、さらにギリシャのオリーブオイルとのご縁をいただき、
そのオリーブオイルの名前が「太陽の道」という意味があることを教えてもらいました。
ヨーロッパでは、星や月のサイクルで育てたオーガニック野菜が
積極的に作られているのだそうです。

自然の中で育ったオーガニックの野菜や食材、水、塩、オイルは、
私たち人間の調子を肉体的にも魂的にも整えて、
地球との調和をもたらしてくれているとこれまでの経験から感じてきました。

そして今回、ニューヨーク在住のフードインストラクター
いとうゆきさんとのご縁をいただき、12星座それぞれに向けたレシピが誕生しました。
各星座のパワーを引き出すレシピも、太陽星座だけではなく、体を整える月星座と
その人の魅力をアップする金星星座のレシピを作っていただきました。

“何座だからこれを食べなくてはならない”というものではなく、
日々に“美しさと豊かさを取り込んでいただく”
そんな感覚で楽しんでいただけたら幸いです。

これからは、
伝統的な知恵の詰まった料理を大切にしながらも
グローバルな感覚や宇宙意識で食べ物を楽しんでいく時代に
なっていくように感じています。

Three Astrogical Signs

太陽星座

月星座

金星星座

Astrological Signs

「太陽・月・金星」3つの星座について

自分の生年月日から導き出す一般的な「星座」をご存知の方は多いことでしょう。
本書では、さらにそれを掘り下げた太陽星座・月星座・金星星座の「3つの星座」からテーマ・カラー・エネルギー・体の部位などの各星座の性質をご紹介します。
まずは、3つの星座が表す性質をご紹介します。

次はあなたの「3つの星座」を導き出してみましょう。

3つの星座の導き出し方

生年月日から
導き出す12星座

SUN

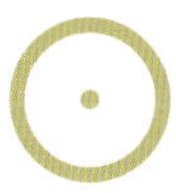

おひつじ座	3月21日 ～ 4月19日生まれ	
おうし座	4月20日 ～ 5月20日生まれ	
ふたご座	5月21日 ～ 6月21日生まれ	
かに座	6月22日 ～ 7月22日生まれ	
しし座	7月23日 ～ 8月22日生まれ	
おとめ座	8月23日 ～ 9月22日生まれ	
てんびん座	9月23日 ～ 10月23日生まれ	
さそり座	10月24日 ～ 11月22日生まれ	
いて座	11月23日 ～ 12月21日生まれ	
やぎ座	12月22日 ～ 1月19日生まれ	
みずがめ座	1月20日 ～ 2月18日生まれ	
うお座	2月19日 ～ 3月20日生まれ	

生年月日と
出生場所から
導き出す各12星座

MOON

VENUS

[調べ方]

STEP1 ARI占星学総合研究所にアクセス
http://arijp.com/horoscope/MoonVenus.php

STEP2 「月と金星の星座を調べる」をクリック

STEP3 氏名、生年月日、出生時刻・場所を入力

※出生時刻が分からない場合は、正確な算出ができません。

How To Use
この本の使い方

Ⅰ 自分の星座の食べ物・レシピ

自分の３つの星座エネルギーをアップしたいときに

［例］

太陽星座がおうし座の場合 → P.29

☉ ホワイトアスパラのオランデーズソース風

月星座がおとめ座の場合 → P.62

☾ アップルポテトポタージュ

金星星座がみずがめ座の場合 → P.103

♀ 米粉のビスコッティ

＋POINT

レシピ以外にも、各星座のページには「カラー」や「おすすめの食べ物・ハーブ」をご紹介しています。これらを意識することでも星座エネルギーをアップできます。

Ⅱ 他の太陽星座／金星星座の食べ物・レシピ

他の星座のエネルギーをとり入れたいときに

●他の太陽星座・金星星座レシピ

自分の星座にかかわらず、とり入れたいエネルギーをもつ星座を意識する

［例］

（仕事の場面）ふたご座エネルギー → P.36

☉ 納豆ズードル

（恋愛の場面）いて座エネルギー → P.87

♀ フルーツ・スジョンガ

（勝負の場面）うお座エネルギー → P.108

☉ ヒジキの炊き込みご飯

＋POINT

他の星座の「メッセージ」や「テーマ」から、自分にはない星座のエネルギーを感じてみましょう。意識したい星座の食べ物やレシピ、カラーをとり入れることで、より自分をパワーアップできます。

Ⅲ　他の月星座の食べ物・レシピ

月の運行や体の不調に合わせて

●他の月星座レシピ

1. 体の不調や気になる体の部位に該当する月星座を意識する

[例]

「頭痛」が気になる…おひつじ座→ P.21

梅醤葛番茶

「胃」が重い・・・かに座→ P.46

モロヘイヤ・ジンジャースープ

「肌」が荒れやすい・・・やぎ座→ P.93

ハトムギと大根のポタージュ

2. 月の運行に合わせた月星座を意識する

月の運行を調べるときは、ARI 占星学総合研究所 HP を参照してください。

しし座→ P.54

デラウエアとタピオカのバブルミルク

てんびん座→ P.69

マッシュルームとシメジのスープ

さそり座→ P.78

柿と甘酒のスムージー

+POINT

各星座の「体の部位」について

各星座には、"ウィークポイント"と呼ばれる「体の部位」があります。この部位は、特にその星座がエネルギーを強く持つ場所なので、不調を起こしやすい場所でもあります。体調が悪いとき、調子がすぐれないときなどは、他の月星座を意識して、ウィークポイントのエネルギーを意識してとり入れましょう。

レシピページの見方

この本では星座ごとに、太陽星座レシピを1つ、月星座レシピを2つ、金星レシピを2つ、計48レシピご紹介しています。太陽は「メイン」、月は「ドリンク」や「スープ」、金星は「スイーツ」です。

POINT 1 太陽星座・月星座・金星星座のうち、どの星座のレシピかを示しています。

POINT 2 その星座におすすめの食材にはハイライトがついています。各星座のページの最後に「おすすめの食べ物」をまとめているので、参照してください。

POINT 3 おすすめの食材やスーパーフードの栄養価や特徴についてのひとことコラムです。

Moon

カカオとルクマの洋梨スムージー

南国の食材でいて座運をアップ。
カカオニブは粗めに撹拌して食感を楽しんで。

材料（1人分）
洋梨……1個
ルクマパウダー……大さじ1
カカオニブ……大さじ1 ┐
マカパウダー……小さじ1 ┘ グラウンディング
アーモンドミルク（または豆乳）……150ml

1. 洋梨は適当な大きさに切る。
2. カカオニブ以外の全ての材料をミキサーに入れ、なめらかになるまで撹拌し、カカオニブを加えてざっくり撹拌する。

▶ ルクマ
南米原産のフルーツ。カロテンを多く含み、皮膚や粘膜を丈夫にする。

Aries

おひつじ座

Message for Aries

おひつじ座へのメッセージ

12 星座の一番最初を受け持つおひつじ座。
神話に出てくるおひつじ座の羊は、光り輝く羽を持つ「黄金の羊」です。
おひつじ座は、富と冒険の象徴でもあります。
そこに立っているだけで、まばゆい存在感を放ち、凛としてまっすぐに行く先を見つめる羊です。
危険（リスク）も顧みず、全身全霊で前進するのがおひつじ座。

おひつじ座が促すパワーは、
長い冬を越えて、春に草木が一斉に芽を出すように
太陽（魂の目的）の方向へ向かい、大地に根を張り、
重い土を押しのけて伸びようとする「“私”といういのち（自我）」の目覚めの力。

私が私であること、自分の可能性を追求する力。
リスクも恐れず、なんの計算もなく、直感に従い純粋な気持ちで
12 星座一番先頭をきってキラキラと飛び出していくのがおひつじ座のパワー。

おひつじ座のあなたは、直観力と瞬発力に優れ、キラキラパワーでいっぱい！

ときには、パワーが溢れすぎて、先走ってしまうこともあるかもしれません。
そんなときは、散歩をして、グラウンディングを意識してみてくださいね。

そんなパワーの一方で、太陽パワーが発揮されず、
“恐れ”が出ると、なかなか飛び出すことができないことも。
草原の羊が隣の羊の後をついていくように、誰かの後をついていこうとすることも。

また、月星座がおひつじ座の場合、月パワーが強くなるときに
動くことへの恐れが強く出やすくなることもあります。
前進することへ恐れが出るときは、体調を整えて、内側のパワーをしっかり充電しましょう。

ワクワク感が出てくるまでしっかりと充電できると、
恐れずに本来のおひつじ座パワーを発揮できるでしょう。

太陽の光の方へ。黄金の翼をひろげて。

Energy Up Keywords
おひつじ座のエネルギーをアップするカギ

THEME テーマ

前進
勇気
純粋
野性的
生命力
行動力
自立
自分らしさ
スピード
チャレンジ
エネルギッシュ

COLOR カラー

赤
白

ピンク
フレッシュグリーン
ゴールド
パール

ENERGY エネルギー

[上昇]
冬の間、眠っていた種から芽が出るように
太陽に向かって伸びていこうとするエネルギー
リスクを恐れずに飛び立つ力

BODY 体の部位

頭／脳／顔／目

山菜の米粉天ぷら抹茶塩添え

春のデトックスに最適な山菜を、
グルテンフリーの天ぷらに。

材料（2人分）
春先の山菜……適量　発散／浄化
（ふきのとう、たらの芽、こごみ、うど など）
A | 米粉……50g
ターメリック パウダー……小さじ 1/4　浄化
冷水……75ml
白醤油……小さじ 1
自然塩……ひとつまみ
＜抹茶塩＞
自然塩……小さじ 1
抹茶……小さじ 1/2　浄化

1. ふきのとうは葉を広げる。たらの芽は根元に十文字の切れ目を入れる。うどは 5cm の長さに切り、7mm 厚の薄切りにする。
2. ボウルに A を入れて混ぜ、1 をくぐらせて 180℃の油で揚げる。
3. ボウルに抹茶塩の材料を入れて混ぜ、2 に添える。

▶ 春先の山菜・野菜
冬の間に溜め込んだものを外に出す。春菊や大葉など緑色と味がしっかりした葉物、筍やアシタバなど成長の早い野菜もデトックス効果が高い。

▶ ターメリック
肝臓の働きを強化し、解毒を促す。

▶ 抹茶
抗酸化作用により浄化を促す。

梅醤葛番茶

マクロビオティックの定番「梅醤番茶」に
葛粉を入れて、腸を温めます。

材料（1人分）
葛粉……小さじ 2
水……大さじ 1
梅干……1 個
醤油……小さじ 1
番茶……200ml
（梅干・醤油・番茶）グラウンディング
生姜の絞り汁……小さじ 1/4　発散／浄化

1. 葛粉を分量の水で溶く。
2. 小鍋に種を除いた梅干を入れ、スプーンなどで果肉を潰す。
3. 2 に残りの材料を加え、軽くとろみがつくまで火にかける。

▶ 生姜
血行を促進し、浄化を促す。

デコポンと人参のスムージー

おひつじ座におすすめの“赤い”食材、クコの実がアクセント。

材料（1人分）
デコポン……1個　発散／浄化
ペリカンマンゴー……1個
クコの実……大さじ1
人参……5cm　グラウンディング
マカパウダー……小さじ1　グラウンディング
水……100ml

1. デコポンは厚皮をむく。マンゴーは皮をむき、種を除く。
2. 全ての材料をミキサーに入れ、なめらかになるまで撹拌する。

▶ クコの実
カロテンやポリフェノールを多く含み、アンチエイジング効果が期待できる。

▶ マカ
南米原産のスーパーフード。カブに似た根菜で、陽性の性質がグラウンディングを促す。

イチゴのユリ根和え　金箔のせ

旬の高級食材であるユリ根に金箔をのせて、さらにリッチ感をプラス。

材料（2人分）
ユリ根……大1株
アガベシロップ……大さじ1
自然塩……ひとつまみ
イチゴ……3個（4等分に切る）
金箔……適宜

1. ユリ根を蒸して裏ごしする。
2. 1をボウルに入れてアガベシロップと自然塩、イチゴを加えて混ぜる。
3. 2を4等分にして丸め、金箔をのせる。

▶ **アガベシロップ**
テキーラの原料「リュウゼツラン」から抽出した低GI値の甘味料で、感情をおだやかに保つのに役立つ。

Recommended Items
おひつじ座におすすめの食べ物

FOOD

赤色の食べ物／春が旬の山菜
スパイスの効いた食べ物
時間をかけずに作れる料理
内側のエネルギーを外に出す食べ物（発散）
冬の間、溜まったものを外に出す食べ物（浄化）

HERB

ホップ／ネトル／ガーリック

SUN

太陽星座がおひつじ座のあなた

［前進する力・やる気］

華やかでカロリーが高めの
パワーフードや熱い食べ物

- スパイスの効いた食べ物で
前進する力とやる気を上げる

- 頭をスッキリさせて
迷いがなくなるレシピ

- バーベキューのような
ワイルドな調理法

MOON

月星座がおひつじ座のあなた

［グラウンディング強化］

エネルギーが頭部に集中すると
先走りがち

- グラウンディングできる
食べ物や根菜類で
エネルギーを下に下げる

- エネルギーを外に発散する
スパイスの効いた食べ物

- 生野菜や春先の山菜類は
生命力を引き出す

VENUS

金星星座がおひつじ座のあなた

［リッチ感］

金粉やスーパーフードなど
リッチ感のある食べ物は
幸せを呼び込む

- 食べる場所や景観にこだわる

- リッチ感のある場所や
都会と自然が融合する
アーバンナチュラルな場所

- ライブ感のある場所で食事

Taurus

おうし座

Message for Taurus

おうし座へのメッセージ

愛と豊かさを象徴する「金星」が守護星のおうし座。

おうし座を象徴する言葉は、「I have（私は持っている）」

何もなくても、生まれたてのピュアな姿で、
あなたは「豊かさ」と「美しさ」を持っているということ。
その心が“物質的な豊かさ”をもたらしてくれます。

おうし座が促すパワーは、
芽を出し始めた草木が、大地にしっかりと根を張っていくパワー。
秋の収穫で実を結ぶために、しっかり力強く大地に根を張ることが
大切なことを知っています。

“実を結ぶ”ことへ集中するおうし座は、ほしいものを「ほしい」と言える素直さ。
そして、ほしいものを手に入れるために、
確実に一歩一歩進んでいく根気強さと揺らぎない不動心があります。
それは、自分はそれを手に入れる価値があると知っているから。

おうし座の根気強さ、揺らぎない不動心は、
堂々と立つ女神のような威厳があります。
その姿がおうし座の守護星・金星の女神パワーです。

そんなパワーの一方で、太陽パワーが素直に発揮されないときや
月パワーが強くなるときは、怒りっぽくなったり、
揺らぎなさが頑固さに、根気強さが我慢のしすぎになることもあるかもしれません。

そんなときは、自然の中でゆったりとした時間を過ごし、芸術や音楽に触れたり、
体をマッサージしたり、美味しいものを食べるなど、五感を解放してみましょう。

特におうし座は、美味しいものに目がありません。
美味しいものを食べることは、おうし座にとってとても重要なことです。
見た目にも美しく、質のよい食事をご褒美にあげることで
おうし座パワーの充電につながります。

Energy Up Keywords
おうし座のエネルギーをアップするカギ

THEME テーマ

自尊心
素直さ
安定
信頼
着実

粘り強さ
自然
五感
豊かさ
生きる喜び

COLOR カラー

赤
ピンク
明るめの青

フレッシュグリーン
ゴールド

茶

ENERGY エネルギー

[上下に八の方向]

大地に力強く根を張るエネルギー

BODY 体の部位

耳／あご／首／舌／のど（声）／甲状腺

ホワイトアスパラのオランデーズソース風

春を感じる旬のホワイトアスパラで、季節の豊かさと自然の恵みを満喫して。

材料（2人分）
ホワイトアスパラガス（またはグリーンアスパラガス）
……10本 発散／浄化
レモンの絞り汁……大さじ1
自然塩……小さじ1/2
<オランデーズソース>
ニンニク……1/2片（すりおろす）
リンゴ酢……大さじ1と1/2
ターメリックパウダー……小さじ1/3
（以上3点：浄化）
ディジョンマスタード……小さじ1 発散
生カシューナッツ……90g
水……100ml
自然塩……小さじ1/3

1. ホワイトアスパラガスは根元の固い部分を切り落とし、根元に近い厚皮をピーラーで削ぐ。
2. ホワイトアスパラガスが浸かる大きさの鍋に湯を沸かし、レモン汁と自然塩、ホワイトアスパラガスを入れて4～5分ほど茹で、盆ザルにあげて粗熱を取る。
3. オランデーズソースの材料をミキサーに入れ、なめらかになるまで撹拌する。
4. 2を皿に盛り、3を適量かける。

▶ アスパラガス
上に向かって伸びる春先の陰性食材。体内の浄化・発散を促す。

▶ ニンニク、リンゴ酢
代謝を促進し、浄化を促す。

▶ ターメリック
肝臓を強化し、解毒を促す。

▶ マスタード
辛味は陰性の性質を持ち、発散を促す。

メロンとセロリのスムージー

セロリのほのかな風味がさわやかな、
デトックススムージー。

材料（1人分）
メロン……小1個　浄化
セロリ……5cm
水……100ml
スピルリナパウダー……小さじ1/4
（オプション）グラウンディング

1. メロンは皮をむき、種を除く。
2. 全ての材料をミキサーに入れ、なめらかになるまで撹拌する。

▶ メロン、セロリ
メロンのカリウムとセロリの食物繊維が排泄を促進し、浄化を促す。

▶ スピルリナ
地球上に出現した最古の植物といわれる藻の一種。
自然と大地のパワーを取り込めるスーパーフード。

Moon

ハニーCティー

スーパーフードのローハニーを加えた、
のどにやさしいミントティー。

材料（1人分）
フレッシュミント……2茎ほど　のどによい
ローハニー……大さじ1
カムカムジュース（またはレモンの絞り汁）……大さじ1　発散／浄化
熱湯……200ml

1. 全ての材料をカップに入れ、スプーンで軽く混ぜる。

▶ ローハニー
加熱処理をしていないため、一般のはちみつよりも酵素やミネラルが豊富。

▶ カムカム
ビタミンC含有量が世界一で、美容効果が高い。

ゴールデンキウイのローチョコタルト

アボカドを使った濃厚なチョコレートクリームに、旬のフルーツを贅沢にトッピング。

材料（直径18cm タルト型）
<クラスト>
生アーモンド……100g
デーツ……140g
ローカカオパウダー……大さじ2
自然塩……ひとつまみ
<チョコクリーム>
アボカド……大1個
水……100ml
アガベシロップ……大さじ4
ローカカオパウダー……1/3カップ
バニラエッセンス……少々
自然塩……ひとつまみ
<トッピング>
ゴールデンキウイ……5個
ブルーベリー……1/2カップ

1. クラストの材料をフードプロセッサーに入れ、ひとかたまりになるまで撹拌し、タルト型の底とサイドに指で敷き詰める。
2. チョコクリームの材料をミキサーに入れ、なめらかになるまで撹拌し、1に入れて平らに伸ばす。ミキサーが回りにくいときは、分量外の水を少し足す。
3. ゴールデンキウイとブルーベリーをのせて型から取り出す。

▶ カカオ
カカオに含まれるテオブロミンは集中力アップやリラックス効果を、フェニルエチルアミンは恋愛初期のような幸福感をもたらす。酵素を壊さないように低温で加工したローカカオはさらにヘルシーな食材。

Recommended Items
おうし座におすすめの食べ物

FOOD

アスパラガス／歯ごたえのあるもの
高級で品質のよい素材／グルメで美味しいもの
自然から採れた食材（グラウンディング）
内側のエネルギーを外に出す食べ物（発散）
冬の間、溜まったものを外に出す食べ物（浄化）

HERB

アーティチョーク／ゴールデンロッド／コルツフット／セージ

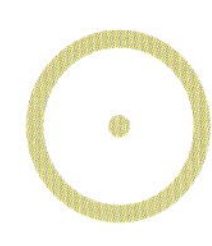

SUN

太陽星座がおうし座のあなた

［安定力を高めて
力強く着実に進む］

質のよい食材で
豊かさを感じたり
五感を使って楽しむ料理は
心と体を満たし安定力UP

力強く着実に一歩一歩進んで
いきたいときは
心にゆとりと落ち着きを
持つと現実化できる

MOON

月星座がおうし座のあなた

［エネルギーを排出する力
に意識する］

グラウンディングが強く
なりすぎると
エネルギーが排出できずに
口やのどに溜まりやすい

のどによい食べ物

溜まったエネルギーを
外に発散してくれる食べ物

VENUS

金星星座がおうし座のあなた

［幸福を感じるアイテムで
パワーアップ］

質のよさを感じる食材と
盛りつけ

チョコレートなど
幸せを感じる食べ物

オーガニックの食材や
地球循環が考えられた
生産方法のもの

生産者が見える食材

Gemini
ふたご座

Message for Gemini

ふたご座へのメッセージ

冒険と探究心、コミュニケーションを象徴するふたご座。
神話に出てくる双子のカストルとポルックルは
互いに切磋琢磨しながら数々の冒険を乗り越えました。

ふたご座は異なる世界をつなぐための言語（コミュニケーション）、
異なる世界をつなぐための情報や知識を得ることにパワーを持ちます。

ふたご座の促すパワーは、大地に根を張った草木が太陽に向かい、
その枝葉を思う存分伸ばしていくことをサポートします。
また、伸びた枝葉にさわやかな「風」が入ることで光が当たっていないところへ光が当たり、
さらに成長していこうとするパワーを持っています。

ふたご座の守護星・水星は神々の伝令使であるヘルメス。
成長のために必要な情報を求めて、軽やかに動き回ります。
そして、自分の得た情報を自分だけのものにせず
みんなに伝えたくなるのがふたご座パワーでもあります。
そのため、いろいろな知識を学ぶことも大好きなのがふたご座の特徴です。

ふたご座は、軽やかな行動力と美意識の高さに優れ、
冷静さと陽気さの一見矛盾したパワーを持ちます。

太陽パワーが発揮されないときは、軽やかに動きすぎてしまい、器用貧乏になることも。
また、冷静さと陽気さが他者には理解しにくい複雑さに見えて、
誤解されやすいこともあるかもしれません。

動きすぎてしまうときは、グラウンディングも意識しつつ、
小旅行などをしてリフレッシュしてみましょう。
ふたご座をリフレッシュさせるのは、“風”を感じる旅です。

食べ物も「情報」です。
情報をたくさんとり入れるふたご座は、食べすぎると本来のパワーが発揮しにくくなります。
軽やかで楽しい食事がおすすめです。

Energy Up Keywords
ふたご座のエネルギーをアップするカギ

THEME テーマ

社交性
好奇心
知的
伝え
臨機応変
対応力
学習
コミュニケーション

COLOR カラー

赤
黄
緑
フレッシュグリーン
青
紫

ENERGY エネルギー

[水平方向]

水平方向に開いていくエネルギー

BODY 体の部位

肩／腕／手／肺／神経

Sun

納豆ズードル

ズッキーニ+ヌードル=ズードル！
手早く作れる低カロリーローフードです。

材料（1人分）
ズッキーニ……小1本
納豆……1パック
白ごま……大さじ1
アサツキ（小口切り）……適宜

▶ ズッキーニ
夏野菜で陰性が強く、心と体を軽やかにする。

1. ズッキーニを野菜スライサーでヌードル状にカットする。野菜スライサーがなければ長めの斜め千切りにする。必要であればさっと湯通ししても OK。
2. 納豆をボウルに入れ、付属のタレと白ごまを加えて混ぜる。
3. 1を皿に盛り、2をかけ、アサツキをのせる。

Moon

チェリーとラベンダーのバナナスムージー

ふたご座のハーブ「ラベンダー」をスムージーに。
かわいらしい色合いも◎。

材料（1人分）
バナナ……1本
アメリカンチェリー……10個
食用ドライラベンダー……小さじ1
アーモンドミルク（または豆乳）……150ml

1. バナナは皮をむき、アメリカンチェリーは種を除く。
2. 全ての材料をミキサーに入れ、なめらかになるまで撹拌する。

Moon

アーモンドココア

グラウンディングを促すヘルシーココア。
甘みは低GIのアガベシロップで。

材料（1人分）
アーモンドミルク……200ml
マカパウダー……小さじ1
（オプション）グラウンディング
ローカカオパウダー……小さじ2 集中力アップ
アガベシロップ……大さじ1/2
メスキートパウダー（またはきな粉）……小さじ2

1. 全ての材料を小鍋に入れて加熱し、ホイッパーで混ぜながら温める。

▶ メスキートパウダー
アメリカ南部原産の植物「メスキート」の豆と鞘をパウダーにした、めずらしいスーパーフード。食物繊維が多く、ほのかな甘みとスモーキーな風味をプラスできる。

PB アサイーボウル

ピーナッツバター（PB）などおすすめ食材をふんだんに使った
栄養満点の一皿。

材料（2人分）

アーモンドミルク……300ml
冷凍バナナ ……3 本
アサイーパウダー ……大さじ 3
ピーナッツバター ……大さじ 1 と 1/2
（頭脳活性）
自然塩……ひとつまみ
＜トッピング＞
バナナ ……1 本
イチジク ……3 個
ラズベリー ……10 個
ピーナッツ バター……大さじ 2
カカオニブ ……小さじ 2
（頭脳活性）
グルテンフリーグラノーラ……大さじ 4

1. トッピング以外の全ての材料をミキサーに入れ、なめらかになるまで撹拌する。
2. 器に入れて、トッピングをのせる。

▶ アーモンドミルク
抗酸化作用のあるビタミン E が豊富。ナッツミルクの中で最もクセがなく、幅広いレシピに使用できる。

▶バナナ
消化吸収がよく、脳にすばやくエネルギーを届けるので、頭の回転を速めたいときに役立つ。

▶アサイー、イチジク、ラズベリー
抗酸化作用を持つポリフェノールを多く含み、脳の老化防止に役立つ。

▶ピーナッツ
ピーナッツに含まれるコリンやレシチンは脳を活性化するため、記憶力アップに役立つ。

▶カカオ
カカオに含まれるテオブロミンは集中力をアップするのに役立つ。

Recommended Items
ふたご座におすすめの食べ物

FOOD

バナナ／ニンジン／豆（豆腐）／ナッツ類
意外性のある・めずらしい食べ物
見た目が楽しく美しい食べ物
手早くできる・あるもので工夫して作る料理
すぐに食べることができる食べ物

HERB

スカルキャップ／ラベンダー／パセリ

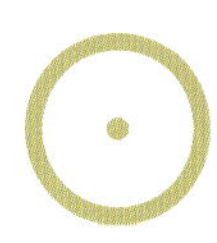

SUN

太陽星座がふたご座のあなた

［行動力を持って気持ちを軽くする］

見た目の演出で行動力と軽やかに動く力をUP

●

気持ちを軽くする食べ物

●

知的好奇心をそそる素材と簡単なのに工夫されたレシピ

MOON

月星座がふたご座のあなた

［グラウンディング強化］

注意散漫になりやすいのでグラウンディング力を強化する食べ物

●

神経質になるとき、人に会いたくないときはバナナがおすすめ

VENUS

金星星座がふたご座のあなた

［盛りつけと見た目にこだわって］

都会的でおしゃれなセンスの盛りつけや若々しさを感じる盛りつけ

●

見た目を重視したスタイリング

●

記憶力UPや集中力UPに効果的な頭脳を活性化する野菜やフルーツ

Cancer

かに座

Message for Cencer

かに座へのメッセージ

人生の基盤、大切なことを教えてくれるかに座。

大切な友人や兄弟、家族のためなら全身全霊で、
大切な存在を守ろうとするのがかに座パワー。
かに座の人生の基盤は“友人”や“家族”によって支えられていることを表すからです。

かに座は大切な存在を守り育むパワーがあります。
カニが甲羅の中で子育てをするように、
自分のテリトリーの中で大切な存在を守ります。

そんなかに座は、愛情深く、包容力抜群、母性的でふわふわとした
やわらかパワーに満ちています。
やわらかいけど頼りがいのあるかに座。

大切な人を守れないとき、感情的になりやすくなることもあるかもしれません。
かに座パワーが発揮されないとき、
その甲羅は、自分を守るために発達します。
ときにその甲羅は排他的にもなることもあるかもしれません。

そんなときは、映画を見て、思い切り泣いてみたり、
周りの人に甘えて、自分自身を包み込んで守ってあげてください。

かに座エネルギーが発揮されると「殻」は「場」に変容していきます。
自分自身はもちろん、みんなが心地よく過ごし、成長できる「場」を作っていくようになります。
経営者や塾の先生になって、みんなを成長させていくかに座も。

かに座は、食べることで感情をコントロールします。
みんなに頼られやすいかに座は、しっかり食べて、みんなの要望に応えます。
かに座のエネルギーはふんわりみんなを包み込むエネルギーです。
まあるい食べ物やふんわりした食べ物で幸せ感をアップしてくださいね。
あなたの幸せが周りの人たちの幸せです。

Energy Up Keywords

かに座のエネルギーをアップするカギ

THEME テーマ

やさしさ

包容力

家庭

思いやり

成長

感情

世話

安定

女性性

育む力

大切なこと

COLOR カラー

 ピンク

 パールホワイト

 パステルカラー

ENERGY エネルギー

[包容]

シャボン玉のように広がりながら包み込むエネルギー

BODY 体の部位

胸部／胃／子宮／膵臓

大葉とソバの実の蒸しパン

大葉の香りを効かせたベジ肉まんに、包み込むエネルギーを込めて。

材料（直径6cmマフィン型×8個分）

<あん>

ソバの実……1/2カップ　浄化
ごま油……大さじ1
ニンニク……1片（みじん切り）　浄化
生姜……1片（みじん切り）　発散／浄化
椎茸……2枚（みじん切り）
キャベツ……中1枚（みじん切り）
長ネギ……10cm（みじん切り）　発散／浄化
大葉……10枚（みじん切り）
醤油……大さじ1
みりん……小さじ1
自然塩……小さじ1/2
白胡椒……少々
葛粉……大さじ2
水……大さじ3

<生地>

玄米粉……100g
ベーキングパウダー……小さじ1と1/2
自然塩……小さじ1/4
水……240ml
アガベシロップ……小さじ2
酢……小さじ2
ごま油……大さじ1

1. ソバの実をたっぷりの湯で15分ほど茹で、ザルにあげて水気を切る。
2. フライパンに、あんの材料のごま油を熱し、ニンニクと生姜、椎茸、キャベツ、長ネギ、大葉を炒め、醤油とみりん、自然塩、白胡椒で調味する。
3. 分量の水で溶いた葛粉を加えて全体に火を通し、バットにあげ、冷めたら8等分にして丸める。
4. ボウルに玄米粉とベーキングパウダー、自然塩を入れてホイッパーで混ぜる。
5. 4に水とアガベシロップを加えてゴムベラで合わせ、まとまったら酢とごま油を加えて混ぜる。
6. 5をマフィン型に入れ、その中央に3をのせ、蒸し器で10分ほど蒸す。

▶ ソバの実
ビタミンB群が代謝を促進し、浄化を促す。

▶ ニンニク
代謝や血行を促進し、浄化を促す。

▶ 長ネギ
長ネギに含まれるアリシンは血行を促進し、発散・浄化を促す。

モロヘイヤ・ジンジャースープ

さっぱりした味つけと、モロヘイヤの包み込むパワーでほっこり。

材料（2人分）

モロヘイヤ ……100g（茹でてみじん切り） 包み込む
オリーブオイル……小さじ2
ニンニク ……1片（薄切り） 発散／浄化
水……400ml
野菜ブイヨン……小さじ1/2
白醤油……小さじ1/2
自然塩……ひとつまみ
生姜汁 ……小さじ2 発散／浄化
絹豆腐……1/4丁

1. モロヘイヤは葉を摘み、さっと湯通ししてみじん切りにする。
2. 鍋にオリーブオイルとニンニクを入れて火を入れ、ニンニクから香りが上がったら、水と野菜ブイヨン、白醤油、自然塩を入れて煮立てる。
3. 3に1と生姜汁を入れて、絹豆腐を手で崩しながら加え、一煮立ちさせる。

▶ モロヘイヤ
茹でて刻むとトロトロになり全てをまとめる"包み込む"性質を持つ。カルシウムが豊富なので、イライラを鎮める効果も。

▶ ニンニク、生姜
代謝や血行を促進し、浄化を促す。

ブルーベリーとイチジクのミルクスムージー

2つの旬のフルーツが
心身両面から浄化・発散を促してくれます。

材料（1人分）
イチジク……中2個　浄化
ブルーベリー……1/2カップ　発散
アーモンドミルク（または豆乳）……150ml

1. 全ての材料をミキサーに入れ、なめらかになるまで攪拌する。

▶ イチジク
整腸作用を持つ食物繊維の一種・ペクチンが便通を促進し、浄化を促す。

▶ ブルーベリー
陰性色である紫色が、溜まった感情の発散を促す。

ピーチ・スフレ

ふんわり包み込むふわふわスフレは、
熱々をめしあがれ。

材料（直径7cmココット×2個分）
モモ……中1/2個　｝美肌
アーモンドミルク……100ml　｝美肌
生カシューナッツ……20g
米粉……大さじ1
葛粉……大さじ1
ブランデー……小さじ2
ベーキングパウダー……小さじ1/2
自然塩……ひとつまみ

1. 全ての材料をミキサーに入れ、なめらかになるまで攪拌する。
2. ココットに流し入れ、180℃のオーブンで30分ほど焼く。

▶ モモ、アーモンドミルク
ビタミンEを豊富に含み、血行促進や肌の透明感をアップさせるのに役立つ。

Recommended Items
かに座におすすめの食べ物

FOOD

夏ミカン／乳製品
大皿の家庭料理／包む料理（肉まんなど）
カブのように丸い野菜
内側のエネルギーを外に出す食べ物（発散）
溜まったものを外に出す食べ物（浄化）

HERB

ハコベ／ハニーサックル／レタス

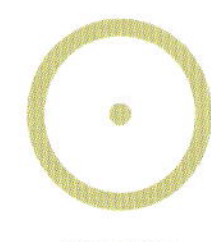

SUN

太陽星座がかに座のあなた

［包み込まれるような包容力］

友人や家族とにぎやかに
食べることで
包容力と女性性を UP

●

人生の大切なことを
確認したいとき、自分の原点に
戻るような家庭料理

●

食べるとほっとするもの

MOON

月星座がかに座のあなた

［発散と浄化がカギ］

感情を溜め込みやすいので
内側に溜まった感情を
外に発散してくれる食べ物

●

包む料理で
ほっこりするもの

VENUS

金星星座がかに座のあなた

［母性的なパワーが女性性を高める］

女子力をUPする食べ物

●

美肌効果のある食べ物

●

丸い食べ物

●

ふんわり包み込むような
ふわふわしたデザート

Leo

しし座

Message for Leo
しし座へのメッセージ

12 星座の花、個人の完成、王者しし座。

しし座というと華やかな印象があるかもしれません。
その陰には想像を絶する決意があるしし座。

ギリシャ神話の英雄ヘラクレスの「不死身の人食い化け獅子退治」の物語がしし座の象徴です。

全知全能の神ゼウスと人間の間に生まれたヘラクレス。
ゼウスの本妻ヘーラの憎しみの対象となり、ヘーラから送り込まれた「狂気」により、
ヘラクレスは自分の家族を殺してしまいます。

自らの罪を償うためなら、プライドも地位も捨てて何でもするという捨て身の姿勢で挑んだ
化け獅子退治で苦しい戦いで勝利をおさめ、村人に讃えられ感謝されました。
これこそがしし座の持つ本当の「プライド」です。その結果が「栄光」につながりました。

やるときはやる！しし座なのです。
しし座は、その努力は案外人に見せないかもしれません。
華やかさはあるけれど、決しておしゃべりではありません。
立っているだけで威厳が感じられるのがしし座パワー。

しし座のパワーが発揮されないと、自信がなくなり、自分を表現することへの恐れが出やすく、
認められたい欲求が強くなり、プライドが傲慢さになることも。

そんなときは、自分が“誇り”に思えることだけに関わっていくことを意識してみてくださいね。
関わることが元気になれることを選択していくことで、本来のしし座パワーを取り戻せるでしょう。

食べ物もそれを食べていると気持ちが上がるものや、誇りが持てるものがおすすめ。
質にこだわっている食べ物、地球環境を考えている食べ物、
体によい食べ物、伝統的な食事、オーガニックや手間をかけて育った高級食材など。
セレブ感のある食材もしし座パワーをサポートします。
お気に入りのレストランを見つけることもおすすめです。
自分が何を食べると気持ちが上がるか、自分のポイントを発見してみてくださいね。

Energy Up Keywords
しし座のエネルギーをアップするカギ

THEME テーマ

こども
自信
創造
表現
実現
心の絆
遊び
喜び
楽しみ
決断力
集中力
不屈の精神
リーダーシップ
寛大さ
勇気
パワー
出会い
恋愛
愛情
尊厳

COLOR カラー

赤
黄
オレンジ
ロイヤルブルー
黒
ゴールド

ENERGY エネルギー

[開花]

夏のひまわりのように花開くエネルギー

BODY 体の部位

心臓／背中／脊椎／みぞおち

夏野菜のタルト

タルト生地にスーパーフードのターメリックを加えてパワーアップ。

材料（直径18cm タルト型）

<フィリング>

オリーブオイル……大さじ2

ニンニク……1片（薄切り） パワーフード

ズッキーニ……小1本（2cm 角切り）

ナス……1本（2cm 角切り）

黄パプリカ……1/2個（2cm 角切り）

玉ネギ……1/4個（2cm 角切り）

トウモロコシ……1本（粒を包丁で切り落とす）

A

- ダイストマト（缶詰）……1カップ
- ケチャップ……大さじ3
- 醤油……小さじ2
- タバスコ……小さじ1 発散
- 自然塩……小さじ1/4

B

- もちきび……1/2カップ
- 水　100ml
- アーモンドミルク（または豆乳）……100ml
- 自然塩……ひとつまみ

<タルト生地>

C

- 米粉……100g
- タピオカ粉（または片栗粉）……60g
- ターメリックパウダー……小さじ1/2 発散
- ベーキングパウダー……小さじ1/4
- 自然塩……小さじ1/4

ココナッツオイル……50g

アガベシロップ……大さじ1

水……大さじ3

1. 鍋にオリーブオイルとニンニクを入れて熱し、ズッキーニ、ナス、黄パプリカ、玉ネギ、トウモロコシを加え、全体に油が回るまで炒める。

2. Aを加えて10分ほど煮て、バットにあげて冷ます。

3. 小鍋にBを入れて火にかけ、沸騰したら弱火におとして蓋をして15分ほど炊き、火を止めて10分蒸らす。

4. ボウルにCを入れ、ホイッパーで混ぜ、ココナッツオイルを加えてすり合わせる。

5. アガベシロップと水を加えて生地をまとめ、タルト型の底とサイドに指で敷き詰め、底にフォークで穴を開けて180℃のオーブンで12分ほど焼く。

6. 5の底に3を敷き、2をのせて180℃のオーブンで10分ほど焼く。

▶ニンニク

ニンニクに含まれるアリシンは、加熱するとスコルジニンという成分に変化して毛細血管を拡張させ、血行を促進する。

▶ターメリック

肝臓の働きを強化し、解毒を促す。

ゴールデンベリー入り冬瓜スープ

心と体をすっきりさせる冬瓜スープに
ドライフードのゴールデンベリーをプラスして。

材料（2人分）
冬瓜……160g ほてりをとる
ごま油……大さじ1
水……400ml
白醤油……小さじ2
自然塩……小さじ1/4
ゴールデンベリー……10個
アサツキ……少々（小口切り）

1. 冬瓜は皮をむき、一口大に切る。
2. 鍋でごま油を熱し、1を炒め、残りの材料を加えて冬瓜が柔らかくなるまで煮る。
3. 器に注ぎ、アサツキをのせる。

▶ ゴールデンベリー
食用ホオズキのこと。カロテンが多く、皮膚や粘膜を丈夫にする。日本ではドライの状態（干物）で売られているのが主流。

Moon

デラウエアとタピオカのバブルミルク

南国の香りいっぱいのココナッツミルクと
タピオカの食感が楽しいドリンクです。

材料（1人分）
乾燥ブラックタピオカ……20g
アーモンドミルク（または豆乳）……300ml
ココナッツミルクパウダー……大さじ1
ローハニー……小さじ2
デラウエア……20粒ほど

1. 乾燥ブラックタピオカをたっぷりの水に一晩浸け、ザルにあげる。
2. 鍋にたっぷりの水を沸かして1を8分ほど茹で、蓋をしてそのまま5分ほど放置した後、ザルにあげて流水ですすぐ。茹でている間はタピオカがくっつかないように時々混ぜる。
3. グラスにアーモンドミルクとココナッツミルクパウダー、ローハニーを入れてよく混ぜ、皮をむいたデラウエアと2を加える。

ハニーオリーブアイスクリーム

希少なローハニーを使用。良質なオリーブオイルを使ってセレブ感を上げて。

材料（1リットル分）
アーモンドミルク（または豆乳）……500ml
寒天パウダー……小さじ1/2
A ローハニー……1/3カップ
　アガベシロップ……1/4カップ
　バニラエッセンス……少々
　自然塩……ひとつまみ
オリーブオイル……1/3カップ
ビーポーレン……適宜（オプション）

1. アーモンドミルクと寒天パウダーを鍋に入れて火にかけ、沸騰後2分ほど温める。
2. 1とAをミキサーに入れて撹拌し、全体が混ざったらミキサーを回したままオリーブオイルをゆっくりと注ぎ入れ、乳化させる。
3. 製氷皿やバットなど底の浅い容器に流し入れ、冷凍庫である程度まで固めたら、フードプロセッサーで撹拌し、もう一度冷凍庫に戻して冷やし固める。
4. 器に盛り、ビーポーレンをのせる。

▶ ローハニー
加熱処理をしていないため、一般のはちみつよりも酵素やミネラルが豊富。

▶ ビーポーレン
ミツバチが集めた花粉を自らの分泌液で丸めたもの。アミノ酸やビタミン、ミネラル、酵素を豊富に含み、代謝促進やアンチエイジング、リラックスに効果的。

Recommended Items
しし座におすすめの食べ物

FOOD

干物／オレンジ／はちみつ／オリーブオイル
タンパク質
スパイスの効いた食べ物（発散）
南国のフルーツ／パワーフード／セレブ感漂う食べ物
パーティー料理／豪華な食材／ゴージャスな演出

HERB

ウォールナッツ／セントジョンズワート／ヤドリギ

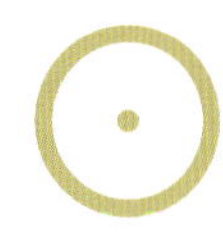

SUN

太陽星座がしし座のあなた

［包み込まれるような包容力］

見た目が華やかで豪華な食材を使った料理

●

BBQ などみんなでにぎやかに食べる料理

●

自信が満ちるスパイスの効いた食べ物やパワーフード

MOON

月星座がしし座のあなた

［発散と浄化］

心の内側を溶かしほてりをとる食べ物

●

遊び心のあるものや食べると思わず笑顔になるもの

●

フルーツやはちみつなど甘い食べ物

VENUS

金星星座がしし座のあなた

［母性的なパワーが女性性を高める］

セレブ感の漂うものや高級食材を使う

●

リッチ感を味わえる食べ物

●

テーブルウェアやスタイリングもリッチに

♍

Virgo

おとめ座

Message for Virgo
おとめ座へのメッセージ

12 星座の折り返し地点にあたるおとめ座。

おとめ座の神話の女神であるペルセフォネは、地上と冥界を行き来する女神です。
地上にいる母女神デメテル、冥界にいる夫ハデスのふたりの愛を理解する女神。

取り囲む現実と理想、そこに関わる人間関係とのバランス
現実を静かに観察し理解し、整理し、ものごとをシンプルにし、それぞれに秩序をもたらす力。
おとめ座はそんなパワーをくれます。

「全ては“愛”である」ということを知っているからこその理解力は、
ただ冷静なだけではありません。
相手を思いやるやさしさに満ちているのもおとめ座パワーです。

おとめ座パワーは世界に循環を起こします。
ペルセフォネが地上と冥界を行き来したように。
地球のことや環境への関心も高くなり、循環が持続するように「習慣化」していくことも
おとめ座の得意なところです。

おとめ座パワーが発揮されないと、
人を思いやりすぎて、自分がどうしたいのかわからなくなってしまったり、
現実分析が批判的になることもあるかもしれません。
部屋が乱れて、何がどこにあるのかわからなくなります。

そんなときは、リラックスして一人で過ごす時間を持ってみてください。
また、整理されていないお部屋ではおとめ座パワーは乱雑になります。
整理整頓して、頭の中をクリアにすることで本来のおとめ座パワーを発揮できます。

素材の味を活かしたシンプルな調理法はおとめ座パワーをサポートします。
おとめ座パワーをアップしたいときは、ダイエットやファスティングなどもおすすめです。
また、シンプルで健康的な食事の習慣を作ることも
おとめ座はサポートしてくれます。

Energy Up Keywords
おとめ座のエネルギーをアップするカギ

THEME テーマ

健康
運動
食習慣
計画
ダイエット
感謝
循環
秩序
整理整頓
論理的
集中
冷静

COLOR カラー

緑
青
白
紺色
紫
薄紫

ENERGY エネルギー

[循環]

巡ってまわっていくエネルギー

BODY 体の部位

小腸／大腸／みぞおち

レンコンの花形煮

素材の味を活かしてシンプルに仕上げた日本の伝統料理です。

材料（2人分）

レンコン……15cm　胃腸にやさしい／浄化

ごま油……大さじ1

A　水……600ml
梅酢……小さじ1
鷹の爪（種を除く）……1本　巡りをよくする
昆布……15cm
調理酒……大さじ2
自然塩……小さじ1

柚子の皮（短い千切り）……適宜（オプション）

1. レンコンは5mmの薄切りにし、周りを花形に切り落とす。

2. フライパンにごま油を熱して1を炒め、Aを加えてレンコンに串が通るまで煮る。

3. 皿にレンコンを盛り、花の中央に昆布と鷹の爪、お好みで柚子を飾る。

▶ **レンコン**
カリウムと食物繊維が便通を促進し、ムチンが胃粘膜を保護・修復する効果を持つ。

▶ **鷹の爪**
鷹の爪に含まれるカプサイシンは血行を促進する。

アップルポテトポタージュ

根菜を使ったなめらかなポタージュスープ。消化がよく、胃腸への負担が少ない一品です。

材料（2人分）
ジャガイモ……大 1/2 個 グラウンディング
リンゴ……1/4 個 胃腸にやさしい
オリーブオイル……小さじ 1
水……250ml
アーモンドミルク（または豆乳）……150ml
自然塩……小さじ 1/2 弱
白胡椒……少々

1. ジャガイモとリンゴを 5mm 程度のいちょう切りにする。
2. 小鍋にオリーブオイルを熱して 1 を炒め、分量の水を加え、ジャガイモに串が通るまで煮る。
3. 2 とアーモンドミルクをミキサーに入れ、なめらかになるまで撹拌する。
4. 小鍋に 3 を移して火にかけ、自然塩と白胡椒で調味する。

チア・ライムウォーター

プチプチ＆シュワシュワ感を楽しみながら
クリアリングを行いましょう。

材料（1人分）
水……50ml
チアシード……小さじ2
ライムの絞り汁……1個分
ライムの輪切り……1枚
（以上3点：浄化）
アガベシロップ……大さじ1と1/2
炭酸水……150ml

1. チアシードを分量の水に15分ほど浸水させてふやかす。
2. グラスに1とライムの絞り汁、ライムの輪切り、アガベシロップを入れ、炭酸水を注ぐ。

▶ **チアシード**
シソ科のミント「チア」の種子で、水に漬けるとゲル状にふくらむ。食物繊維が豊富なので腸内の掃除に役立つ。

▶ **ライム**
クエン酸が疲労物質を分解し、体内をクリアリングする。

焼きリンゴ

ドイツの伝統菓子をスーパーフードでアレンジし、
ワンランクアップのデザートに。

材料（2人分）
リンゴ……2個　胃腸にやさしい／浄化
ドライマルベリー（またはレーズン）……大さじ3
クルミ（粗く砕く）……大さじ3
メープルシュガー（または甜菜糖）……大さじ2
ココナッツオイル……大さじ2
浄化／巡りをよくする

1. 小さじスプーンなどでリンゴの芯をくり抜き、その穴にドライマルベリー、クルミ、メープルシュガーを詰め込み、さらにその上にココナッツオイルを押し込む。
2. 耐熱皿にのせ、200℃のオーブンで20分ほど焼く。

▶ **ココナッツオイル**
ラウリン酸の殺菌効果のため、浄化力を持つ。エネルギーになりやすいので体の巡りをよくする効果も。

Recommended Items
おとめ座におすすめの食べ物

FOOD

根菜類／オーガニック食材／ヘルシーな食べ物
伝統料理
シンプルな薄味／見た目や調理がシンプルなもの
クリアリング（浄化）力の高い食べ物
胃腸にやさしい食べ物／巡りがよくなる食べ物

HERB

チコリ／フェンネル／ディル

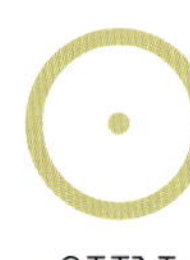

SUN

太陽星座がおとめ座のあなた

［前進する力・やる気］

品質のよい食材を
シンプルな調理法でいただくと
集中力がUP

●

素材の味を引き立てる
調理方法

●

ダイエットや健康に
気遣うレシピ

●

社会循環まで考えられた食材

MOON

月星座がおとめ座のあなた

［グラウンディング強化］

イライラしやすくなったときは、
胃腸に負担のない食べ物

●

クリアリング（浄化）力
のある食材

●

ファスティングで
体内浄化がおすすめ

VENUS

金星星座がおとめ座のあなた

［リッチ感］

良質なものをほんの少し

●

品質のよい食材を
シンプルな調理

●

シンプルな盛りつけで
美しさをＵＰ

Libra

てんびん座

Message for Libra

てんびん座へのメッセージ

宇宙的美意識と社会的美意識を行き来するてんびん座。

てんびん座は、おひつじ座から始まった成長が一つのピークを迎え、
社会デビューを飾る星座です。

そのため、人からどう見られるか、社会的に通用するかという社会意識が発達しています。
どのようにふるまえば社会で認められるか。
賞賛される容姿や振る舞いを創造するための美意識と知性があります。

その社会意識はどんな人とでも付き合うことのできる知性と社交性を磨きます。
そのため、てんびん座は、賢く、バランスよく美しい人も多い星座です。
そして、てんびん座は愛される自分を実現するための努力を人に見せません。

てんびん座パワーが発揮されないと常に他者と比較することに意識が向き、
周りの人に合わせすぎて、自分らしさがわからなくなりがちです。
美しいものに触れて、自分自身の身なりを整えることで、
本来のてんびん座パワーを取り戻していきます。

てんびん座は、他者との関係性の中から本当の自分らしさを見つけていきます。
その自分らしさは社会的美意識を越えた宇宙的美意識に基づきます。

これが私の創ってきた世界とアピール（表現）するアーティストなのです。
それこそがてんびん座の真の魅力でしょう。

そこで自分の「世界」と他者の「世界」が出会って
協力関係を結んでいく、てんびん座パワー。

テーブルセッティングまでが食事の一要素になるてんびん座は、
どんなに美味しい素材でも、見た目が美しくなくては元気が出ません。
質のよい素材を彩り美しく、洗練された盛りつけで充電しましょう。

Energy Up Keywords
てんびん座のエネルギーをアップするカギ

THEME テーマ

社交性
パートナーシップ
調和
磨く
美意識
エレガンス
愛される
アート
センス

COLOR カラー

赤
黄
ピンク
オレンジ
ブルー

ENERGY エネルギー

[バランス]

二つの力が均衡するエネルギー

BODY 体の部位

腰／腎臓／副腎

グルテンフリーの
南瓜ニョッキ

米粉を使ったパスタなら、
体への負担を少なくできます。

材料（2人分）

A
- 南瓜（マッシュ）……100g
- 絹豆腐……30g
- 米粉……80g
- 葛粉……10g
- タピオカ粉……10g
- オリーブオイル……大さじ 1/2
- 自然塩……小さじ 1/4

オリーブオイル、自然塩、白胡椒……各少々
カカオ ニブ……大さじ 1
フレッシュタイム……適宜 発散

1. ボウルに A を入れ、なめらかな団子状になるまでこねる。水分が足りなければ分量外の水を足す。
2. 生地をちぎって各 2cm 程度のボール状に丸め、フォークや指を使って軽く潰し、熱湯で 5 分ほどゆでる。
3. ザルにあげてオリーブオイルをかけ、自然塩と白胡椒で調味し、器に盛ったらカカオニブとフレッシュタイムをのせる。

マッシュルームと
シメジのスープ

低カロリーのキノコを使った軽いスープ。
フレッシュタイムで発散効果を狙います。

材料（2人分）
オリーブオイル……小さじ 1
玉ネギ……1/8 個（薄切り）
マッシュルーム……2 個（薄切り） 低カロリー
シメジ……30g 低カロリー
水……200ml
野菜ブイヨン……小さじ 1/2
自然塩……ひとつまみ
フレッシュタイム……3 茎ほど 発散

1. 小鍋にオリーブオイルを熱し、玉ネギとマッシュルーム、シメジを炒める。
2. キノコ類がしんなりしたら、水と野菜ブイヨン、自然塩、フレッシュタイムを入れて温める。

梨とザクロのスムージー

旬のフルーツを使った二色が、均衡する二つのエネルギーを表現。

材料（1人分）
梨……大１個
バナナ……1/2 本
水……100ml
シナモンパウダー……少々 発散／リラックス
ザクロ ……60g

1. ミキサーに梨とバナナ、水、シナモンパウダーを入れ、なめらかになるまで撹拌し、半量をグラスに注ぐ。
2. 残りの半量にザクロを加えてさらに撹拌し、1の上にゆっくり注ぎ入れる。

▶ シナモン
五臓の働きを活発にし、心を鎮める。

白玉ぶどうシロップ

洗練された美しい盛りつけで、てんびん座のスイーツにぴったり。

材料（2人分）
白玉粉……45g
水……40ml
A
巨峰（皮をむき、種を除く）……14個
ぶどうジュース……50ml
白ワイン……50ml 発散
アガベシロップ……大さじ1と1/2

1. ボウルに白玉粉と水を入れてこね、12等分して丸め、熱湯で2分ほど茹でて冷水にとる。
2. 鍋にAを入れて一煮立ちさせ、ボウルに移して冷蔵庫で冷やす。
3. 器に1と2を入れる。

▶ 白ワイン
アルコールは陰性の性質を持つため、発散作用がある。

Recommended Items
てんびん座におすすめの食べ物

FOOD

パスタ／甘いもの
リンゴ／梨／ぶどう／ベリー類
重くない食べ物や調理法
テーブルセッティング重視／洗練された雰囲気の美しい盛りつけ
溜まったエネルギーを外に出す食べ物（発散）

HERB

キャットミント／スイートバイオレット／タイム

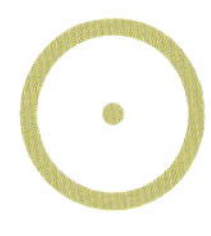

SUN

太陽星座がてんびん座のあなた

［ センスを高めて気分を上げる ］

盛りつけを美しく
エレガンスさを身につけて
センスUP

●

色彩が美しい
カラフルな料理

MOON

月星座がてんびん座のあなた

［ 負担がかからない食べ方 ］

感情を溜め込みやすいときは
発散してリラックスできる
食べ物

●

内臓に負担をかけない食べ物

●

リンゴ、ベリー類、梨
といった季節のフルーツ

VENUS

金星星座がてんびん座のあなた

［ 洗練された幸福感を感じるもの ］

質のよさを感じる食材と
洗練された盛りつけ

●

季節のフルーツや
幸福感を感じる甘い食べ物

●

オリーブオイルを
使った料理

Scorpio

さそり座

Message for Scorpio

さそり座へのメッセージ

深い愛情で「結ぶ」さそり座。

さそり座の本質は、「”命”を受け継ぐこと」にあります。
そして、そのエネルギーを受け継ぐための“強く結ぶ力”を持っています。
さそり座のパワーがなければ、私たちの命は次世代へ引き継ぐことができません。

そのため、さそり座は強い精神力と集中力で、
生命の奥深いところへ入っていくパワーを持っています。
それは、研究心や探究心、深い洞察力としても現れます。

生命の奥深い場所は、神秘のエリアでもあり“神秘のパワー”として現れることも。

さそり座は、自分の愛する対象との命と“結び合うこと”を欲求します。
それは、深い愛情や忠誠心として愛する人を支えます。

自分以外の何かと結びあい、融合するとき「自分」という存在を失う体験をします。
それは、ある種の「死」とも言えます。さそり座の愛は命がけほどのパワーがあります。
だから、さそり座は「純粋」であることを求めます。
さそり座に嘘は通じません。

さそり座パワーを発揮できなくなると
“結ぶ力”は、執着や依存に変わっていき、感情的になり、嫉妬心に悩まされることも。
そんな時は、一人で過ごす時間を持つことで本来のさそり座パワーを取り戻します。

食べ物は、味の強いものか味のないものなど、好みが分かれます。
生き物のサソリのようにさそり座の人の食べ方は、
食べるときと食べないときの差が大きいかもしれません。

食べたくないときに食べないこともさそり座パワーがアップします。
調子が悪いときは、ファスティングで生命力を取り戻します。
乾物や干物、乾パンのような非常食もさそり座パワーがアップします。

Energy Up Keywords

さそり座のエネルギーをアップするカギ

THEME テーマ

生命力
精神力
洞察力
直観力
パワー
絆
許し
限界
変化
復活
カリスマ性

 赤

黒

 ワインレッド

 ビビッドカラー

ENERGY エネルギー

[下降・深化]

何かを結びつけ、一つに溶かすようなエネルギー

BODY 体の部位

下腹部／膀胱／排泄器官／直腸／性器／子宮

焼きネギのお浸し

さっぱりネギをピリ辛のしっかりした味つけで。
燃焼効果もばっちり。

材料（2人分）
オリーブオイル……大さじ1
長ネギ……2本（5cmに切る） 発散／燃焼
A 水……80ml
醤油……大さじ2
白ワイン……大さじ1 発散
アガベシロップ（またはメープルシロップ）……小さじ2
鷹の爪（輪切り）……少々 発散／燃焼
自然塩……ひとつまみ

1. フライパンにオリーブオイルを熱し、中弱火で長ネギを転がしながらじっくり焼き、全体に焼き色をつける。
2. バットにAを入れて混ぜ、1を浸す。

▶ **長ネギ**
長ネギに含まれるアリシンは沈静効果を持つため、勝負時に気持ちを落ち着かせるのに役立つ。

▶ **鷹の爪**
鷹の爪に含まれるカプサイシンは血行を促進する。

リーキのスープ

大豆肉（ソイミート）を使った、
体の巡りをよくしてくれるまろやかなスープです。

材料（2人分）
オリーブオイル……小さじ1
ニンニク……1片（薄切り） 発散／燃焼
大豆肉または厚揚げ……10枚
リーキ（白い部分のみ）……1本 発散／燃焼
白ワイン……大さじ1 発散
自然塩……ひとつまみ
水……200ml
アーモンドミルク（または豆乳）……200ml
野菜ブイヨン……小さじ1/2
白胡椒……少々
パセリ（みじん切り）……適宜

1. リーキは2cm厚の輪切りにする。
2. 鍋にオリーブオイルとニンニクを入れて熱し、ニンニクから香りが上がったら大豆肉とリーキ、白ワイン、自然塩を加え、リーキがしんなりするまで炒める。
3. 水とアーモンドミルク、野菜ブイヨン、白胡椒を加え、リーキが柔らかくなるまで煮る。
4. 器に盛り、パセリをのせる。

▶ **ニンニク**
ニンニクに含まれるアリシンは、加熱するとスコルジニンという成分に変化して毛細血管を拡張させ、血行を促進する。

▶ **リーキ**
西洋ネギとも呼ばれる。気や血の巡りをよくし、体を温める。

柿と甘酒のスムージー

飲む点滴とも言われる甘酒で、滋養強壮をはかります。

材料（1人分）
柿……1 個
人参……2cm ほど
甘酒 ……大さじ 2 パワーフード
生カシューナッツ……30g
生姜 汁……小さじ 1 発散／燃焼／おなかを温める
水……200ml

1. 柿は皮をむき、適当な大きさに切る。
2. 全ての材料をミキサーに入れ、なめらかになるまで撹拌する。

▶ 生姜
おなかを温めると同時に、血行を促進する

パンプキン・プリン　豆腐クリーム添え

旬の南瓜で作るプリンは、豆腐クリームを添えてヘルシーに。
坊ちゃん南瓜をまるごと豪華に食べても。

材料（直径5cmココット×3個分）

A
- 南瓜（マッシュ）……100g
- アーモンドミルク（または豆乳）……120ml
- ココナッツミルク……80ml
- アガベシロップ……大さじ1と1/2
- シナモンパウダー……少々　発散／燃焼
- 自然塩……ひとつまみ

水……大さじ1
葛粉……大さじ1/2
寒天パウダー……小さじ1/2
＜豆腐クリーム（作りやすい量）＞
木綿豆腐……1/2丁
なたね油……1/2カップ
アーモンドミルク……1/2カップ
アガベシロップ……大さじ3
バニラエッセンス……少々
自然塩……ひとつまみ

1. Aをミキサーに入れ、なめらかになるまで撹拌し、鍋に移す。
2. 分量の水で溶いた葛粉と寒天パウダーを加えて火にかける。木べらで底をあたりながら全体にとろみがつくまで温め、ココットに流し入れて冷蔵庫で冷やし固める。
3. 木綿豆腐を湯通ししてから布巾で包み、重石をして30分ほど置き、しっかりと水気を切る。
4. 豆腐クリームの全ての材料をミキサーに入れ、なめらかになるまで撹拌する。
5. 2に4を添える。

※ 南瓜が旬の季節は、坊ちゃん南瓜などを器にしてまるごと食べるのがおすすめ。その場合は、ヘタの部分を切り取って蒸し器でよく蒸し、スプーンで中身をくり出して器にする。くり出した中身を100ｇ使用してプロセスに従う。

Recommended Items
さそり座におすすめの食べ物

FOOD

干物／ニンニク／生姜／パワーフード
塩分／酸み／苦み／強い味／発散・燃焼系の食べ物
スパイスが効いた食べ物
ワインまたはぶどうジュース
オリーブオイル

HERB

ブラックベリーリーフ／ホースラディッシュ（西洋ワサビ）／ホアハウンド（ニガハッカ）

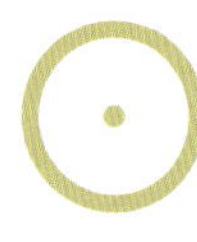

SUN

太陽星座がさそり座のあなた

［勝負の時は ストイックに］

自分の限界ラインを
超えていきたいときは
味の強いものや極性の食べ物

●

勝負の時は食べすぎない

●

サソリの棘を象徴する
“串”を使った食べ物

MOON

月星座がさそり座のあなた

［コンディションが 優れないときの工夫］

下腹部が冷えやすいので
おなかを温める食べ物

●

調子を整えたいときは
刺激や味の強いものは避ける

●

体調が優れないときは
ファスティングで体内浄化

VENUS

金星星座がさそり座のあなた

［シンプルなゴージャスな ものを使う］

ゴージャスな一点もの
（ゴテゴテしていない）の
スイーツで
引き寄せる力を UP

●

ワインを使った料理

●

甘いスイーツ

●

熟成している食べ物

Sagittarius

いて座

Message for Sagittarius

いて座へのメッセージ

獣性と霊性と神性の統合（三位一体）のいて座。

おひつじ座からさそり座までに養ってきた「個人」が
「全体性」と出会い統合されるポイントです。

いて座は銀河系（天の川銀河）の中心方向にある星座でもあります。
地球にいる私たちにとって銀河の中心とは“未知”でもあり
魂のふるさとのような、帰りたい場所、目指したい場所のような象徴でもあります。
そのため、いて座は理想の高さ、宇宙的ビジョン、未知へのあこがれ、
そして冒険へと意識が向かいます。

理想の高さは高い知性と教養をもたらし、
失うことを恐れない自由な心に恵まれ、誰とでも仲良くなれる大らかさがあります。

いて座は自らの力が発揮されないとき、集中力が散漫になり、
何をやっても中途半端になることも。

いて座のパワーを最大限に活かすには、的を絞ること。
いて座の神話の主人公ケイローンが弓の名手だったように。

今、手にしているビジョン（真実）に向かって弓を引く。
まっすぐに。迷いなく。
それは、いて座の真実。
迷いなく集中できるとき、いて座パワーは最大限に引き出されます。

また、海外への旅、自然の中で過ごすことも、いて座パワーがアップするポイントです。
体験することで充電します。

いて座は、みんなをもてなす食事で元気が出ます。
食事そのものよりも、食事をしながら夢や理想を語り合うこと、
そして学んだこと、体験したことを語り伝えることに
いて座のパワーアップポイントがあります。

Energy Up Keywords
いて座のエネルギーをアップするカギ

THEME テーマ

自由
直感
正直さ
素直さ
伝える
ストレート
祈り
冒険
挑戦
探究

COLOR カラー

イエロー
明るめのブルー

ENERGY エネルギー

[上昇]

高みに向かってまっすぐに飛んでいくエネルギー

BODY 体の部位

大腿部／肝臓／坐骨神経／股関節

餅巾着入りトマト鍋

スパイスの効いたトマト風味の鍋に、
いて座の食材をたっぷり加えて高みを目指しましょう。

材料（1人分）

A
- トマトピューレ……300ml
- 水……300ml
- 味噌……大さじ3
- コチュジャン……大さじ2　突き抜ける
- 自然塩……小さじ1/4

油揚げ……2枚（半分に切る）
切り餅……2個（半分に切る）　高みを目指す
ブロッコリー……1/2個（小房に分ける）
セロリ……1/2本（斜め切り）
玉ネギ……1/2個（くし切り）
レンコン……4cmほど（半月切り）
人参……4cm（花形に抜く）
（レンコン・人参：グラウンディング）
シメジ……1パック（小房に分ける）

1. 鍋にAを入れて温める。
2. 油揚げを半分に切り、焼いた切り餅を入れて口を楊枝で止める。
3. 全ての材料を1に入れ、野菜に火が通るまで煮る。

セロリアックと
白いんげん豆のスープ

日本ではまだ珍しい輸入根菜類のセロリアックは、
シャキシャキした食感が◎。

材料（1人分）

オリーブオイル ……小さじ 1
玉ネギ ……1/8 個（みじん切り）
セロリアック（またはセロリ）…… 60g
白いんげん豆 の水煮…… 60g
水……200ml
野菜ブイヨン……小さじ 1/2
ローリエ……1 枚
自然塩……ひとつまみ

1. セロリアックは皮をむき、7mm の角切りにする。
2. 小鍋にオリーブオイルを熱し、玉ネギとセロリアックを炒め、玉ネギが透き通ったら白いんげん豆と水、野菜ブイヨン、ローリエ、自然塩を入れて温める。

Moon

カカオとルクマの
洋梨スムージー

南国の食材でいて座運をアップ。
カカオニブは粗めに撹拌して食感を楽しんで。

材料（1人分）

洋梨……1 個
ルクマ パウダー……大さじ 1
カカオ ニブ……大さじ 1 ┐
マカ パウダー……小さじ 1 ┘ グラウンディング
アーモンドミルク（または豆乳）……150ml

1. 洋梨は適当な大きさに切る。
2. カカオニブ以外の全ての材料をミキサーに入れ、なめらかになるまで撹拌し、カカオニブを加えてざっくり撹拌する。

▶ ルクマ
南米原産のフルーツ。カロテンを多く含み、皮膚や粘膜を丈夫にする。

フルーツ・スジョンガ

韓国の伝統デザート「スジョンガ」を、
旬のフルーツを使ってアレンジ。

材料（1人分）

A | 水……500ml
シナモンスティック……2本
生姜……1片（薄切り）

アガベシロップ……大さじ2
干し柿（薄切り）……2個
松の実……大さじ2
イチゴ……小4個
洋梨……1/2個

1. 鍋にAを入れて30分ほど煮立て、粗熱が取れたらシナモンスティックと生姜を取り除き、アガベシロップを加えて混ぜて冷蔵庫で冷やす。
2. 干し柿を開き、中に松の実を入れて巻き、2～3等分に切る。
3. 竹串に2とイチゴ、ボール状にくり抜いた洋梨を刺す。
4. フルートグラスに3を入れ、1を注ぐ。

▶ シナモン
五臓の働きを活発にし、心を鎮める。

Recommended Items
いて座のあなたにおすすめの食べ物

FOOD

セロリ／玉ネギ／根菜類
ふくらむ食べ物／スパイスの効いた食べ物
海外の食べ物や輸入品／オリーブオイル
人が集まるときのパーティー料理
簡単だけど華やかさのあるレシピ

HERB

アグリモニー／タンポポ／チコリ

SUN

太陽星座がいて座のあなた

［高みを目指す食べ物］

みんなで食べる
自宅パーティーを開催して
語り合う場に合った料理

●

スパイスの効いた食べ物で
突き抜ける力を UP

●

高みを目指して
いきたいときは
調理するとふくらむ料理

MOON

月星座がいて座のあなた

［グラウンディングをしっかり］

注意散漫になりやすいので
グラウンディング力のある
根菜類

●

タンパク質を意識して摂る

●

フルーツ

VENUS

金星星座がいて座のあなた

［自由で楽しい料理］

にぎやかで楽しい見た目

●

意外性のある味や
いろいろなものが入っている
料理

●

自由な発想力を高めた料理

Capricorn
やぎ座

Message for Copricornus

やぎ座へのメッセージ

やぎ座は自分の花を咲かせ、結んだ実を社会全体で分かち合おうとする星座です。

その実を社会で分かち合うために世界をかけめぐるようなエネルギッシュさ、
権威とも渡り合える交渉術に優れ、交渉するうえでの粘り強さ、
大胆さ、人を魅了する人間的魅力やセクシーさがあります。

やぎ座の原型であるシュメール神話の神エンキは、
生命と回復をつかさどる神とも言われ、時間を超越することのできる力を持ち、
高潔でダイナミックでエネルギッシュな知識の主、
ユーモアがあり真理の探究者、魔術、魅惑の熟達者とも言われていました。

あらゆる神々の特性を備えているエンキはあらゆるシーンの解決役、
交渉役を引き受けそのシーンに一番合う自分の能力を使い権威者を恐れず、
時にはユーモアを用いものごとを解決し、目標を達成していきました。

そのため、社会的な成功を手にしていく人も多いやぎ座。
それは、自分を満たす承認欲求ではなく、
自分の収穫をみんなと分かち合おうとする心から手にしていく成功です。
そして、やぎ座は、一流の人やものを見抜く審美眼を持ちます。

やぎ座パワーが発揮されないと、慎重しすぎて、なかなか行動することができず、
行動する前にあきらめがちです。
また逆に動きすぎて、何をしたいのかわからなくなることも。

やぎ座パワーが発揮できないときは、上質なものを身に着ける、一流の人に会いに行く、
大切なものを大切にすることを意識してみることで本来のやぎ座パワーを発揮できるでしょう。

調子が悪くなるとお肌に出やすくなります。
食べ物は、お肌によい食べ物や懐席料理、和食など質のよい伝統的な食事や
粘り強さのある根菜類を使った料理、
やぎ座の本来の活動的なパワーをサポートする食事がおすすめ。

Energy Up Keywords

やぎ座のエネルギーをアップするカギ

THEME テーマ

目標達成
成功
伝統
尊敬
責任
自己鍛錬
処理能力

COLOR カラー

 赤

 ピンク

 ゴールド

 茶

ENERGY エネルギー

[安定と活動]

パワーに向かっていくエネルギー

BODY 体の部位

膝／全身の骨と関節／爪／歯／皮膚

ゴボウの梅マカ煮

ここぞ！というときは、ゴボウとマカの根菜パワーで活力をアップしましょう。

材料（2人分）
ごま油……大さじ1
ゴボウ……2本（10cmに切る）
マカパウダー……大さじ1と1/2
（ゴボウ・マカ：グラウンディング）
梅干……3個
醤油……大さじ2
青海苔……適宜

▶ マカ
南米原産のスーパーフード。カブに似た根菜で、陽性の性質がグラウンディングを促す。

1. 鍋にごま油を熱し、ゴボウを炒め、たっぷりの水とマカパウダー、梅干を加えて煮る。
2. 煮汁がなくなったら差し水をしながらじっくり煮て、ゴボウがしっかり柔らかくなったら醤油を加えてからめる。
3. 食べやすい大きさにゴボウを切り、器に盛って青海苔をかける。

Moon

ハトムギと大根のポタージュ

薬膳で美肌と言えばハトムギ。
これに旬の根菜である大根を組み合わせ、消化が楽なポタージュに。

材料（2人分）
ハトムギ……1/4カップ　美肌
水……200ml
オリーブオイル……大さじ1
大根……6cm　胃腸にやさしい
水……400ml
自然塩……小さじ1/4
大根葉……少々（みじん切り）

1. ハトムギを洗い、分量外の水に一晩浸水させる。
2. 1と分量の水を鍋に入れて火にかけ、沸騰したら蓋をして40分ほど炊く。
3. 鍋にオリーブオイルを熱し、大根を炒め、大根葉以外の全ての材料を加えて大根が柔らかくなるまで煮る。
4. ミキサーに入れてなめらかになるまで撹拌し、器に注いで大根葉をのせる。

イチゴとミカンと長芋のスムージー

トロミを効かせたフルーティーな一杯。乾燥肌の人にもおすすめ。

材料（1人分）

イチゴ……5個 ┐
ミカン……1個 ┘ 美肌
長芋……3cm 胃腸にやさしい
水……100ml

1. ミカンは厚皮をむく。
2. 全ての材料をミキサーに入れ、なめらかになるまで撹拌する。

▶ 長芋
アミラーゼが炭水化物の消化を促し、胃腸をサポートする。

リンゴ黒豆ようかん

リンゴジュースとデーツの甘さで満足度の高い和菓子です。

材料（8cm×12cmの流し函型）
リンゴジュース……200ml
寒天パウダー……小さじ1　美肌
デーツ……100g（薄切り）
水……150ml
寒天パウダー……小さじ1
黒豆の水煮……140g　美肌

1. 鍋にリンゴジュースと寒天パウダーを入れて火にかけ、沸騰後2分ほど温め、容器に流し入れて冷蔵庫で冷やし固める。
2. デーツと水をミキサーに入れ、なめらかになるまで撹拌する。
3. 鍋に2と寒天パウダー、黒豆の水煮を入れて火にかけ、沸騰後2分ほど温めて1の上に流し入れ、冷蔵庫に戻してさらに冷やし固める。
4. 容器から取り出し、食べやすい厚さに切り分ける。

▶ 寒天
腸内環境を整え、肌荒れの改善に役立つ。

▶ 黒豆
イソフラボンがホルモンのバランスを整え、皮膚の老化を防ぐ。

Recommended Items
やぎ座におすすめの食べ物

FOOD

ほうれん草／ゴボウや里芋などの根菜類
黒ごま／黒豆／ソバ／雑穀／小魚類／牡蠣／海苔
オリーブオイル／スーパーフード
伝統料理
骨によい食べ物／肌荒れ・アトピー・乾燥によい食べ物

HERB

ウィンターグリーン／コンフリー／スギナ

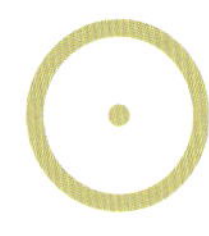

SUN

太陽星座がやぎ座のあなた

［ 勝負時には
グラウンディング ］

着実に目標達成
していきたいときや
勝負したいときには、
グラウンディングできる根菜類
で活力も UP する食材を

●

長期戦や
持久力勝負したいとき

MOON

月星座がやぎ座のあなた

［ 我慢をすると
肌や胃腸に表れる ］

言いたいことが言えないときや
自分のやりたいことが
できないと
肌に不調が出やすい

●

肌と胃腸によい食べ物

●

塩と根菜類を意識的に摂る

VENUS

金星星座がやぎ座のあなた

［ 品のある食材で
引き寄せる ］

質のよい食材で
品のある見た目

●

品格を上げてくれるスイーツ

●

社会的引き寄せ力を UP する

Aquarius

みずがめ座

Message for Aquarius
みずがめ座へのメッセージ

新しい視点をもたらすみずがめ座。

みずがめ座の守護星・天王星は、「ルール」「常識」「限界」「時間」という
それまでの「枠組み」から私たちを解き放つ惑星。
みずがめ座は、そんな枠組みを超える視点を持っています。
その視点は、新しい創造、可能性を開いていくパワーにつながります。

みずがめ座の神話は、大切な人、仲間と新しい世界を創っていきます。
みずがめ座は仲間を大切にします。
人類愛、宇宙愛に近い仲間意識を持っています。

その仲間とともに新しい可能性、地球の希望を開いていくパワーに
満ちているのがみずがめ座。

国境を越えて、いろいろな価値観の人たちと付き合うことのできる親しみやすさと
公平さ、知性、広い視野、客観性を持っています。
誰とでも態度を変えることなく、さっぱりした人付き合いができます。
誰でもウェルカムですが、知らないコミュニティへ行くことは苦手な側面も。

みずがめ座パワーが発揮できないときは、公平であることに対して頑固になりやすく、
公平さが欠けることに対して、反抗的になることも。
また仲間と打ち解けることがなかなかできないこともあるかもしれません。

みずがめ座パワーが発揮できないときは、宇宙を感じることがおすすめ。
プラネタリウム、宇宙の本を読む、博物館へ行くなど。
また、気心の知れた仲間と語り合うこともみずがめ座をリフレッシュさせます。

食事は、無国籍な好奇心をそそる食べ物や食材、
形のないスムージーなどがみずがめ座にぴったり。
新しいアイデアに溢れるみずがめ座は、
いろいろな食べ物に触れて新しい可能性を開いていきましょう。

Energy Up Keywords

みずがめ座のエネルギーをアップするカギ

THEME テーマ

アイデア　自由
未来　友情
新しい流れ　知識
宇宙　ひらめき

COLOR カラー

水色　シルバー

ENERGY エネルギー

[破壊と創造]

既存の枠を守るエネルギーと
壊しながら新しい枠を創造していくエネルギー

BODY 体の部位

膝から下（すね、ふくらはぎ）／全身の静脈

キヌア・タボーレの寒天寄せ

キヌアを中近東のサラダ「タボーレ」風にアレンジした前菜ご飯。

材料（8cm×12cmの流し函型）

A
- キヌア……1/4 カップ
- 水……200ml
- 自然塩……ひとつまみ

パセリ（みじん切り）……30g
グリーンオリーブの塩漬け（輪切り）……1/4 カップ
オリーブオイル……大さじ 1
レモンの絞り汁……大さじ 1/2
自然塩……小さじ 1/4

B
- 水……150ml
- アーモンドミルク……150ml
- 野菜ブイヨン……小さじ 1/2
- 寒天パウダー……小さじ 1
- 自然塩……少々

1. 鍋に A を入れて中火で 15 分ほど炊き、目の粗いザルか大きめの茶こしで水気を切る。
2. ボウルに 1 とパセリ、グリーンオリーブの塩漬け、オリーブオイル、レモンの絞り汁、自然塩を入れて混ぜる。
3. 鍋に B を入れて 2 分ほど沸騰させる。
4. 流し函に 2 を入れ、3 を流し入れて冷蔵庫で冷やし固める。

▶ **キヌア**
アンデス地方原産のヒユ科の雑穀。タンパク質や食物繊維が豊富なほか、ビタミンやミネラルなどをバランスよく含む。

Moon

アーモンドバターの
シリアルスムージー

ナッツバターにシリアルを合わせた、
“宇宙食”のようなスムージー。

材料（1人分）
バナナ……1本
アーモンドバター（またはピーナッツバター）……
大さじ2
水……300ml
お好みのシリアル……1/2カップ

1. バナナとアーモンドバター、水をミキサーに入れ、なめらかになるまで撹拌する。
2. シリアルを加え、さらに軽く撹拌する。

Moon

とろりんホット
アップルサイダー

アメリカでは冬の定番・ホットアップルサイダーに、
日本古来の食材“葛”でとろみづけ。

材料（1人分）
リンゴジュース……250ml
シナモンスティック……1/2本
クローブ……2つ
スターアニス……1個
葛粉……小さじ2
水……小さじ2

1. 小鍋にリンゴジュースとシナモンスティック、クローブ、スターアニスを入れて中火にかけ、3分ほど煮立てる。
2. 葛粉を分量の水で溶き、1に加えて軽くとろみがつくまで火にかける。

Aquarius
みずがめ座

米粉のビスコッティ

ナッツたっぷりのザクザク食感が後を引くビスコッティは、持ち運び用のおやつにもぴったり。

材料（6本分）

<ビスコッティ>

A
- 米粉……120g
- アーモンドプードル……40g
- タピオカ粉……10g
- 葛粉……10g
- ベーキングパウダー……小さじ 1/2
- 自然塩……小さじ 1/4

B
- アーモンドミルク……70ml
- アガベシロップ……大さじ 2
- なたね油……大さじ 1
- ピスタチオ……30g

<チョコレートグレーズ>

- カカオバター……30g（湯煎で溶かす） 冷静さ
- ココナッツオイル……小さじ 1
- アガベシロップ……大さじ 2
- カカオパウダー……30g 冷静さ
- 自然塩……少々

1. A を合わせて振るい、ボウルに入れ、B を加えてよく混ぜる。
2. ひとかたまりのドーム型に成形し、180℃のオーブンで 15 分ほど焼く。
3. 冷めたら 1cm 厚に切り、断面を下にして、150℃のオーブンでさらに 30 分ほど焼く。
4. チョコレートグレーズの全ての材料をボウルで混ぜ、冷めた 3 をくぐらせ、網の上にのせる。グレーズをしっかり固めたい場合は最後に冷蔵庫で冷やす。

Recommended Items
みずがめ座におすすめの食べ物

FOOD

ドライフルーツ／シリアル／ナッツ類
宇宙食
ゼリーやムースなどの固める料理
無国籍料理
斬新な料理

HERB

ウォールナッツ／サザンウッド／バレリアン

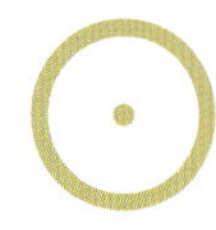

SUN

太陽星座がみずがめ座のあなた

［勝負のときは守って破る］

自分の殻を破りたいときは殻付きナッツ類

●

殻を破るとは反対に自分の考えを固めることも意識する

●

頭の中が洪水のようにアイデアに溢れるときは固める料理

MOON

月星座がみずがめ座のあなた

［自由な発想で枠を越える］

一つの考えに固着したり頑固になると自由な発想ができなくなるので注意

●

スムージーのようにドロドロしたもの

●

食材は自由な発想で意外な組み合わせをする

VENUS

金星星座がみずがめ座のあなた

［美しさと意外性］

目で楽しむことができるスイーツ

●

美意識を感じられる調理と盛りつけ

●

知的な客観性は冷静さをUP させる

Pisces

うお座

Message for Pisces
うお座へのメッセージ

自我を越えて、世界と一つになっていくうお座。

一体感の中に生きるうお座の世界は、マイワールドです。
海の中の生き物のようにこの世のものではないような幻想的な雰囲気が魅力のうお座。

感受性が強く、神秘の力、芸術の才能に恵まれます。

この世界は全て愛であることを、理屈ではなく、感覚的に理解しています。
人生の変化は、いつでも愛とともにあります。
全てが「愛」だったと知るのかもしれません。
そんな「愛」の総まとめの星座がうお座です。

そして、自分自身も「愛」そのものの存在だということを知っています。
そこにあるのは、自分自身や他者、世界を信じる力。

12 星座最後の星座でもあるうお座は、
次のサイクル、次のステージへ進化することを信頼し、許す力があります。

うお座パワーが発揮できないときは、忙しすぎて、リラックスできる時間がとれないとき。
現実逃避へ気持ちが向いていきます。

一人でリラックスできる時間を持ち、
温泉や海辺など水場で過ごすことでうお座はパワーを充電できます。
リンパマッサージなどもおすすめです。

“ 霞 ” を食べるようなところがあり、エネルギーで生きている傾向があります。
食べすぎると体調を崩しやすくなります。
海の食材の食べ物は、うお座をパワーアップさせます。
また、あまり形のないゼリー状の食べ物などもおすすめです。

Energy Up Keywords
うお座のエネルギーをアップするカギ

THEME テーマ

心の平和
喜び
やさしさ
無条件の愛
至福
信頼
許し
精神性
肯定的
一体感
想像力
幻想
宇宙パワー

COLOR カラー

ピンク
パステルカラー
アクアブルー

ENERGY エネルギー

[溶解]

海のような幻想的な広さでつかめないエネルギー

BODY 体の部位

かかと／つま先／全身のリンパ

ヒジキの炊き込みご飯

アクセントの生姜がよく効いた、さわやかな炊き込みご飯です。

材料（2人分）
米……1合
乾燥**ヒジキ**……6g（戻して2cmに切る）
油揚げ……1/2枚（千切り）
生姜……1片（千切り）浄化
醤油……大さじ1
調理酒……大さじ1/2
自然塩……ひとつまみ
三つ葉……適宜

1. 米を洗う。
2. 三つ葉以外の全ての材料を炊飯器に入れ、炊飯器の1合の目盛りまで水を入れて炊く。
3. 茶碗に盛り、三つ葉をのせる。

▶ 生姜
血行を促進し、浄化を促す。

Moon

アボカドとキウイフルーツのスムージー

アボカドとキウイの相乗効果で安眠を導く、
ムース感覚のスムージー。

材料（1人分）
アボカド ……1/2 個　リンパ系によい／安眠
アーモンドミルク……200ml
アガベシロップ……小さじ 2
キウイフルーツ ……1個（いちょう切り）　安眠／浄化

1. アボカドは種を除き、適当な大きさに切る。
2. ミキサーに 1 とアーモンドミルク、アガベシロップを入れて撹拌し、なめらかになったらキウイフルーツを加え、さらに軽く撹拌する。

▶ アボカド
塩分の排泄を促し、リンパ液や血液の循環を改善する。睡眠ホルモンの材料となるトリプトファンを含み、安眠を導く。

▶ キウイフルーツ
アボカド同様、トリプトファンを含む。

Moon

ハニー・ターメリックミルク

ハニーとターメリックが絶妙にマッチ！
おやすみ前にホッと一息。

材料（1人分）
豆乳 ……200ml
ターメリック パウダー……小さじ 1　（安眠）
ローハニー（またはお好みの甘味料）……大さじ 1
自然塩……ひとつまみ

1. 小鍋に全ての材料を入れ、ホイッパーで混ぜながら温める。

▶ 豆乳
睡眠ホルモンの材料となるトリプトファンを含み、安眠を導く。

▶ ターメリック
ターメリックに含まれるクルクミンの抗炎症作用が安眠を導く。

Venus

ココナッツオレンジムースケーキ

カシューナッツとココナッツミルクで、生クリームを使わずヴィーガンのムース仕立てに。

材料（底が抜ける直径10cmのケーキ型）
<クラスト>
お好みのグルテンフリークッキー……40g（砕く）
アーモンドミルク（または豆乳）……小さじ2
ココナッツオイル……小さじ1 浄化
自然塩……ひとつまみ
<オレンジムース>
A | 生カシューナッツ……30g（15分ほど湯に浸す）
ココナッツミルク……100ml 浄化
アガベシロップ……大さじ1
自然塩……ひとつまみ
オレンジジュース……200ml
寒天パウダー……小さじ1
ココナッツオイル……大さじ1 浄化
<トッピング>
お好みの柑橘類（厚皮をむき、5mmの輪切り）……適量
フレッシュミント……少々

1. クラストの材料をポリ袋に入れて麺棒などで叩いて合わせ、ケーキ型の底にスプーンなどで敷き詰める。
2. Aをミキサーに入れ、なめらかになるまで撹拌する。
3. 鍋にオレンジジュースと寒天パウダーを入れて火にかけ、沸騰後2分ほど温める。
4. 3とココナッツオイルを2に加えてさらに撹拌し、1に注ぎ入れて冷蔵庫で冷やし固め、表面に柑橘類の輪切りをのせる。

▶ ココナッツ
ラウリン酸の殺菌効果のため、浄化力を持つ。

Recommended Items
うお座におすすめの食べ物

FOOD

塩／酒

ムース／ゼリー

シーフード／貝類／海藻

水分の多い食べ物／蒸し料理／混ぜる料理

自立を促す食べ物／浄化力のある食材

HERB

サフラン

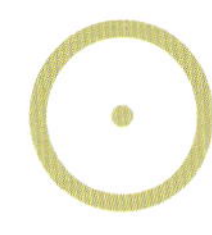

SUN

太陽星座がうお座のあなた

［海の食べ物］

自由に人生を楽しみたいときや
世界と一体感を
感じたいときは
海の食べ物や混ぜる料理

- うお座のレシピは
許しのパワーを高めるので
甘えられない人におすすめ

MOON

月星座がうお座のあなた

［やさしさを感じるもの］

リンパ系によい食べもの

- 傷つきやすいときには
ふんわりやさしさを感じる
レシピ

- 眠りにつきやすい
刺激がない食材

- 消化のよい食べ物

VENUS

金星星座がうお座のあなた

［ふわふわした料理］

色彩やさしいふんわり系の
スイーツで甘え上手に

- 女子力を高めるスイーツ

- ムースやゼリー

- 甘くてあたたかい飲み物

Produced by Lumina
ルミナ山下プロデュースのアイテム紹介

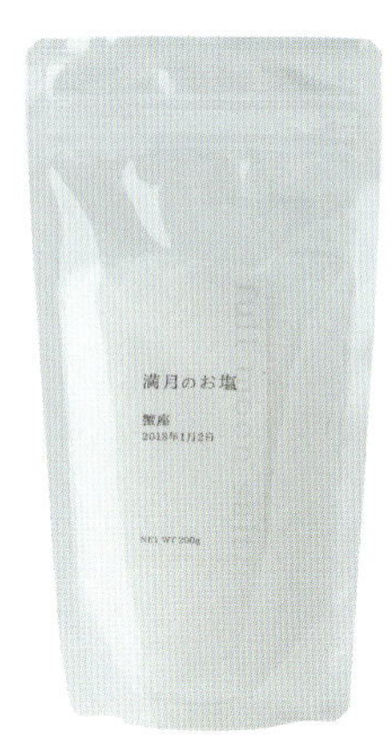

ルミナ山下×お料理びと nakamle

「満月のお塩」

各 200g 2,500 円＋税

宇宙のエネルギーを結晶化させたお塩はその宙模様によって味も感じるものが違います。能登半島珠洲地方で一番美味しくなる " 満月の満潮時 " に合わせて汲み上げ、非直火式・低温製法で煮詰めることなくゆっくりと結晶化。そのときの星座エネルギーを感じられるよう毎月パッケージを変えているので、月（星座）ごとのエネルギーの違いを感じられるお塩です。

●ご購入はこちら onnmusubi.shop
お料理びと nakamle　miesrecipe.jp
製造　能登製塩　www.slowfood.co.jp

オーガニック
エキストラバージンオリーブオイル

「エレオン」from Crete

［左］250ml 2,500 円＋税
［右］500ml 2,500 円＋税

母乳の成分と同じ脂肪酸であるオレイン酸を豊富に含むことから " 地球の母乳 " と呼ばれているオリーブオイル。ギリシャのオリーブの品種「コロネイキ種」を使用し、生産から瓶詰めまでこだわり作られたオリーブオイルは、ほのかに抹茶のような風味で、日本食にとても合います。伝統と地球環境を守り、健康にも地球にも魂にもよいオリーブオイルを提供しています。

●ご購入はこちら
Lumina Plus Inc.（日本輸入販売） www.elaeon.jp
Greek Heritage Foods（New York）
greekheritagefoods.com

Ingredients Memo

食材メモ

スーパーフードや植物性ミルク、甘味料など、レシピの中で登場する星座エネルギーをアップするキーアイテムをご紹介します。

Seed

Chia Seed
「サルバチアチアシード」
研光通商

Berry

Goji Berry
「ゴジベリーズプリンセス有機クコの実」
八仙

Golden Berry
「ゴールデンベリー」
波里

Mulberry
「有機ホワイトマルベリー」
アリサン

Superfood Powder

Acai Powder
「有機アサイー100%パウダー」
生活の木

Camucamu Powder
「有機カムカム100%パウダー」
生活の木

Maqui Berry Powder
「有機マキベリー100%パウダー」
生活の木

Lucuma Powder
「ビバ ラ ビダルクマパウダー」
リードオフジャパン

Spirulina
「スピルリナパウダー」
ディーアイシーライフテック

Maca Powder
「マカトゥーゴーローマカパウダー」
ジーユーイートレーディング

Coconuts

Coconut Oil
「オーガニック
エキストラバージン
ココナッツオイル」
ブラウンシュガー
ファースト

Coconut Milk Powder
「ココナッツミルク
パウダー」
ココウェル

Coconut Milk
「オーガニック
ココナッツミルク」
レインフォレストハーブ

Almond

「濃いアーモンドミルク
まろやかプレーン」
筑波乳業

「濃いアーモンドミルク
香ばしロースト」
筑波乳業

Cacao

Bee Pollen
「ビーポーレン」
リビングライフ
マーケットプレイス

Cacao Powder
「サンフード
オーガニック
カカオパウダー」
アリエルトレーディング

Cacao Nibs
「カカオニブ」
ナビタス
ナチュラルズ

Cacao Butter
「ロハスオリジナル
オーガニック
ローカカオバター」
アースゲートインターナショナル

Other

Agave Syrup
「アガベシロップ
ローダーク」
アルマテラ

Agave Syrup
「アガベシロップ
ゴールド」
アルマテラ

Raw Honey
「ヘブンリーオーガニクス
ホワイトローハニー」
グローリートレーディング

Lumina Yamashita
ルミナ山下

Yuki Itoh
いとうゆき

Crosstalk

ルミナ山下
Lumina Yamashita

☉ うお座
☾ さそり座
♀ おひつじ座

いとうゆき
Yuki Itoh

☉ みずがめ座
☾ やぎ座
♀ みずがめ座

2人の星座の話

ゆき　ルミナさんからそれぞれの星座のお話を伺ったとき、ワクワクすると同時に星座ごとに感情の特徴や体のウィークポイントがあることを知り、個々の悩みや弱いところの改善に繋がるお手伝いが「食べ物」でできるかもしれない——そう思いました。そうして考えたこの本の星座レシピは、陰陽五行に基づいたマクロビオティックからローフードの酵素栄養学、そして現代栄養学の常識をもとに、"難しいこと抜き"の単純なプロセス、かつ食べ物自体のパワーを最大限活かせるものを意識しました。

ルミナ　ゆきさん考案の星座レシピは「こんなものが組み合わさるの!?」という意外性に、みずがめ座の感性がとても表れていると感じました。みずがめ座は『個性的』とか『枠を越えていく』ところがあったり、『未来的』でもあります。月星座のやぎ座は『現実化』していく力もあるので、まさに"料理を生み出す"って『現実化』だな、と思ったり。NYに移住されてライフスタイルも新しくしている一面も、まさに『国境を越えていく』ゆきさんにピッタリだと思いました。

ゆき　おもしろいですね！ 私はとても『個人主義』なので、独立してからすごく順調に感じていますし、『未来的』という意味では日本でまだローフードが紹介されていないときからいち早く紹介したり、グルテンフリーも他の人がまだ関心を示していないときに興味を持ってとり入れていたところとかがそうなのかな、と思いました。考案したレシピが各星座のパワーを発揮するために活用していただけると思うとすごく嬉しいです。ルミナさんは、ご自身の星座に合った食べ物を意識的にとり入れていますか?

ルミナ　私の太陽星座は、『感受性が強い』うお座なので、"感性で食べる"ところがあります。『考えるより先に行動』なので、直感で食べてあとで考えるタイプというか。ゆきさんが考案してくださったレシピに登場する「カカオ」の効能を見たとき、無性にココアが飲みたくなったときのことを思い出しました。そのときはセミナー前だったので気分を上げたかったのかも。ついこの前もふと根菜が食べたくなってグラウンディングが必要だな、と感じたこともありました。

ゆき　ココアに含まれるカカオには、高揚

“「感性を磨くこと」は
すごく大切なこと。
「食」を通しても、
いろんな気づきが生まれます。”

——— Lumina Yamashita

感を持たせてくれたり、恋愛初期のような幸せな気分にさせてくれるフェニルエチルアミンのほか、集中力や記憶力を高めるテオブロミンが含まれているので、仕事に集中したいときや自分の持っている能力を最大限発揮したいときに私もとり入れています。グラウンディングしたいときは、南米の過酷な環境で育っている「マカ」もおすすめです。月星座で言えば、やぎ座に『皮膚』と『お肌や胃腸によいもので調整』とあって、皮膚がセンシティブで腸が弱い私には、すごく影響している気がしましたね。体の部分を表す漢字には「月」が使われているから、体と密接な関係というのは覚えやすいかも。

ルミナ 体の漢字の「月」は肉付きの“つき”から来ているそうですが、偶然じゃないかもしれませんね。私は月星座がさそり座のせいか膀胱炎になりやすかったりします。太陽星座と月星座は水の星座なのですが、金星星座だけ火の星座のおひつじ座なので、エネルギッシュな一面が表れるときは面白いな、と思ったり。太陽星座・月星座・金星星座、それぞれのエネルギーを意識して、自分の状態を見つめ直すときにもこの本をぜひ活用していただきたいですね。

感性を高める「ファスティングと食事法」

ルミナ　もともと私が食に関心を持ったきっかけは、10歳の頃に“飢え”を体験したことでした。そのときは料理の本を見て頭でイメージしたものを食べることを3ヵ月くらいしてみたのですが、人間の体は食べた物を“変えていく力”があるのだな、とか、思っている以上に“食べること”に縛られなくてよいのだな、と感じることができたのです。それ以来、不調のときは食べない選択をしたり、必要なものを必要な分だけ食べるようになって、感覚がクリアになり、感性が高まったりいろんな気づきに繋がりました。

ゆき　“飢え”を経験すると感性が研ぎ澄まされて、自分に足りないものや欲しているものがわかるようになりますよね。実は私も20代後半に過敏性腸症候群と全身のアトピー性皮膚炎を経験して、食事療法と3週間何も口にしないファスティング（断食）を実践したことがあります。それが人生のターニングポイントでした。食養を学んでから薬を飲まなくなり、体の不調を治したり感情の起伏をおさえたり、全て食べ物でコントロールしています。レシピでも使用しているスーパーフードは、薬箱のように揃えてそのときの気分でスムージーや料理に使っています。また、5～6年前からほとんどグルテンフリーの食生活に切り替えています。

ルミナ　体がバロメーターというのでしょうか。私も体にかゆみが出ることから、いつからか肉や魚をあまり食べなくなりましたし、それでも「なんかかゆいな～」と思って振り返ると、グルテンに偏った食事をしていることに気がついて、それ以降小麦も控えるようにしています。

ゆき　ファスティングと同じで、グルテンフリーの生活を少しでも継続すると体と気持ちに対する感覚が変わることがわかると思います。この本の星座レシピは全てがグルテンフリーなので、試していただき「もしかしたら小麦なくてもいけるかも」と思ったら少しずつ置き換えて、その魅力を感じてほしいですね。グルテンフリーとファスティングは私のセミナーでもご紹介しています。もっと知りたい方は、ぜひ講座を受講してみてください。

人生を豊かにする食べ方

ゆき　私は、過去に過敏性腸症候群とアトピー性皮膚炎を患って３ヵ月入院するほど全身がボロボロになった経験から“食養”の仕事に就き自分の体を通していろいろな食事法を実践してきました。そうして行き着いた健康的な食事がベジタリアンやヴィーガンといった植物性中心のものと、小麦を摂らないグルテンフリーなのですが、人種や国境を越えて多くの文化が混ざっているNYは特に自分の個性を持って生きていけるので、食事スタイルが人と違っていても心地よさを感じられる街です。アメリカは、古くからベジタリアンの思想が認められているためレストランやカフェでは必ず対応メニューがあって、そのバリエーションも豊富ですし、グルテンフリーに関しても随分前から浸透しているので、まるでそうとは思えないほど美味しい食品がスーパーマーケットにたくさん陳列されています。たとえばピザやアイスクリームなど、すぐ食べられるものも多いのでとても実践しやすいです。でも最近では、ローカーボ（低糖質）やパレオ（原始人食）など、“肉を食べること”＝「全てが悪いわけではない」という認識も広まりつつあったり、素材や製造工程など“食べ物が作られる環境が大切”という考え方にシフトしていっているように感じます。ルミナさんのプロデュースしているもので言えば、世の中にオリーブオイルや塩はたくさんありますが、“現場に行って育っている環境を確認している”というトレーサビリティーのしっかりしているものほど安心して口にできますよね。しかも、体にもよいエネルギーを与えてくれるものであれば、より高い価値を感じますよね。今必要とする食べ物やエネルギーも“自分に本当に必要なもの”を選択していくことで、ルミナさんのように体も心も、そしてひいてはスピリチュアル的なところもクリーンになって、感性を高めていくことができるのだと思います。

ルミナ　占星術でも“感性を高めて受け止めること”を意識することが重要だと思っています。普段は菜食の私も、セミナーのときとか人前に出て自分を表現する場面で、おひつじ座の火のパワーを使ったときは、ちょっとだけ肉が食べたくなるときがあるのです。食べることって毎日のことだから「これは食べちゃいけない」とか「これを作らなければならない」

と縛られることはないし、健康的な食事はもちろん、“美味しく食べる楽しみ”に意識を向けたいですよね。感性を高めて“食べること”と自分の“星座を組み合わせること”は、人生をより豊かにすることに繋がるのではないかと思います。この本を日々の彩りに、「食べ物やお料理を知りたい」とか「星のことを知りたい」というように、そこからまたいろいろなことを深めていただけると嬉しいです。

ゆき　普段の小さな積み重ねが今の自分を構成しますから、「これなら作れそう」というレシピを試してみたり、おすすめの食べ物をシンプルにいつものお料理につけ加えたり、まるごと食べてみたり。自分の得意分野とウィークポイントを知って、補ったり、伸ばしたい分野を意識して、ちょっとした工夫でよいのでできるだけ続けていってもらえたら、と思います。続けることでわかる変化もあって、変化があるとまたさらに続けていくことができますから。ライフスタイルを豊かにするために、この本をエンジョイして使っていただけると嬉しいです。

“「本当に必要なもの」を
選択することは、
体と心と精神を
クリーンにする方法です。”

——— Yuki Itoh

Lumina & Yuki's

Seminar Guide

セミナーガイド

ルミナ山下のおすすめ講座

Lesson 01

ARI 占星学総合研究所主催

「ビジョンクリエイション占星術セミナー」

ルミナ山下がゲスト講師を務めるビジョンクリエイション占星術セミナーは、あなたの人生のストーリーを星を通じて体験していくので西洋占星術が初めての方でも視覚的、感覚的に自分の魅力や方向、占星術を簡単に知ることができる、2日間の占星術ワークです。「人生を通じて星を知り、星を通じて生きかたを知る」。あなたという星のストーリーを体験します。ワークを通じて、占星術の基礎が簡単に理解できるようになっています。占星術初心者の方はもちろん、中級者の方、自分の方向性を占星術で確認したい方におすすめです。

● 詳細はこちら

arijp.com/school/visioncreation_schedule.php

その他セミナー、イベント案内は
ルミナ山下 Web ページ（www.lumina.site）をご覧ください。

いとうゆきのおすすめ講座

Lesson 01

国際食学協会・食学

「リビングフード食学講座」

ビタミン・ミネラルなどの現代栄養学をベースとして、火を使わずに［生で食べること］に注目した調理法を学ぶリビングフードの全６回の通信講座。

「グルテンフリー食学講座」

小麦に含まれるタンパク質であるグルテン（小麦）を控えた食事スタイルのメリットと、実践に役立つグルテンフリーの調理法を学ぶ全６回の通信講座。

●詳細はこちら　shokugaku.net

Lesson 02

日本創芸学院

「ナチュラルフード講座」

体にやさしい食材の選び方を身につけ、本格的ヘルシー料理が作れるようになる通信講座。玄米の炊き方からマクロビオティックやロージュースレシピまで、幅広くご紹介しています。

●詳細はこちら
happy-semi.com/kouza/ab/nf/k01rg

Lesson 03

日本スーパーフード協会

MOVIE LESSON

「スーパーフード
ジュニアマイスター講座」

栄養バランスに優れた食品、健康成分が突出して多く含まれる食品「スーパーフード」。世界中のスーパーフードを取り入れやすい活用法とともにご紹介する動画講座。

●詳細はこちら
movie-lesson.com/kouza/beautyhealth/superfoods.html

Lumina & Yuki's Recommendation

Fasting Program

ファスティング断食プログラム

「ファスティング」とは、胃や腸などの消化器官を休ませるという意味があります。水だけで行う断食とは違い、必要な栄養素をジュースや酵素ドリンクで摂取するため安心してできるので、気軽に始められます。

ファスティングのやり方

準備 1〜3日	ファスティング 1〜3日	回復 1〜3日

こんなときにおすすめ

デトックス、体内浄化したいとき

爽快感と充実感を得たいとき

3日間、食べ物を食べずに消化活動をやめると臓器が休まり、体内浄化やデトックス、体調の回復によいとされています。はじめは週末などを利用して1日から、慣れてきたら3日間のスペシャルファスティングを日常的にとり入れてみましょう。ファスティングの前日翌日は準備食・復食期間とします。

＊準備期間は最低でも1日、できれば3日前から胃腸に負担がかからない準備食に切り替えましょう。
＊ファスティング中は良質な水を摂取しながら、ジュースや酵素ドリンクを摂りましょう。
＊復食期間は、主食をお粥などにして消化に負担のかかるものを避け、カフェインやアルコール、刺激物を避けましょう。

日本リビングフード協会 × グローリーインターナショナル

リビングフード・リトリートツアー

“発酵美学”を提唱し、インナー・アウターケアのプロダクツを展開している株式会社グローリーインターナショナルと、いとうゆきが代表を務める日本リビングフード協会が主宰するリトリートツアー。いとうゆきのリビングフードを楽しみながらファスティングを実践し、体と心をリセットする旅をお届けします。

●イベント情報はこちらから
株式会社グローリー・インターナショナル
glory-web.com/seminar/post.html

ルミナ山下 × いとうゆき
Soul Messenger　Food Instructor

Special Contents

スペシャルコンテンツ

https://evergreenpub.jp/happyrecipe-cp

本書でご紹介している太陽・月・金星、3つの星座の解説や、その星座に合ったとり入れたいものなど、ルミナ山下がわかりやすくご紹介。さらに、いとうゆきによる幻のレシピをダウンロードいただけます。上記 QR コードからアクセスしてチェックしてください！

profile

ルミナ山下

Lumina Yamashita

（ソウルメッセンジャー）

株式会社ルミナプラス代表取締役。株式会社グランドトライン取締役。セッション、セミナーで延べ 10,000 人以上の人生を好転させてきた作家、アーティスト。生まれてまもなく里子として様々な家を転々し、3 歳のときに臨死体験をする。ゴビ砂漠への旅をきっかけにあらゆる宇宙情報を感受。4 年間の浄化期間を経て、マンダラやホロスコープの観察をするうちに 世の事象や人の健康や心にそれらが影響していることを知り、臨床をとる。2010 年に独立、プロとして活動開始。近年は化学調味料ゼロのオーガニック食品のプロデュースや商品開発を手掛け、国内外から注目を浴びる。エネルギーアート、音楽活動などアーティストとしても活躍中。著書に『天空からのソウルメッセージ』（KADOKAWA）、『新月 Pink 満月 Blue 願いを叶える Fortune Note』（永岡書店）がある。

オフィシャルサイト　www.lumina.site

ブログ　www.ameblo.jp/neoluminous

いとうゆき
Yuki Itoh
(フードインストラクター／シェフ／ライター)

日本リビングフード協会代表。国際食学協会特別講師。東京家政大学大学院健康栄養科修了・修士（家政学）。米国 Natural Gourmet Institute 卒業・シェフ。自身の闘病をきっかけに食に対する関心を高め、国内外の専門学校でマクロビオティックやリビングフード、スーパーフード、グルテンフリーダイエットなど健康食を幅広く学ぶ。現在はニューヨークに在住し、日本と行き来しながら健康的な食事とライフスタイルの普及に努める。雑誌や WEB で健康食に関する情報を積極的に発信するほか、イベントやセミナー、料理教室も手がけ、実例豊富なわかりやすい講義に定評あり。著書に『グルテンフリーのベジヌードル☆レシピ』（二見書房）、『全米で大反響！ スーパーフード便利帳』（二見書房）、『ロージュース・レシピ』（地球丸）など多数。

オフィシャルサイト　www.yukiitoh.com
日本リビングフード協会　www.livingfood.jp
ブログ　www.ameblo.jp/liveggies

監修　ルミナ山下
レシピ考案　いとうゆき
調理　山守弘恵
スタイリング　吉良さおり
ヘアメイク　Hiroko Sacripante（いとうゆき担当）
撮影　宗野 歩（料理）
金田 亮（P116-121）
デザイン　緒方暢子
編集　渡邉絵梨子
酒井 悠
協力　ARI 占星学総合研究所

参考文献
『全米で大反響！スーパーフード便利帳』
（いとうゆき 著／二見書房）

星座別
運を呼び込む
幸せレシピ

著者　ルミナ山下×いとうゆき

発行日　2018年6月1日　初版発行

発行者　吉良さおり
発行所　キラジェンヌ株式会社
〒151-0073
東京都渋谷区笹塚3-19-2 青田ビル2F
TEL：03-5371-0041
http://www.kirasienne.com
印刷・製本　日経印刷株式会社

Printed in Japan
ISBN978-4-906913-79-4

定価はカバーに表示してあります。